大空への夢

日本で初めて、自ら操縦するジェット機で
世界一周旅行に挑戦

（著）秋 白雲

星和書店

Contents

第1章 新たなる挑戦

第2章 さらなる高みを目指して

第3章 世界一周　北アメリカからヨーロッパ

第5章 世界一周 東南アジアから日本へ

第1章

新たなる挑戦

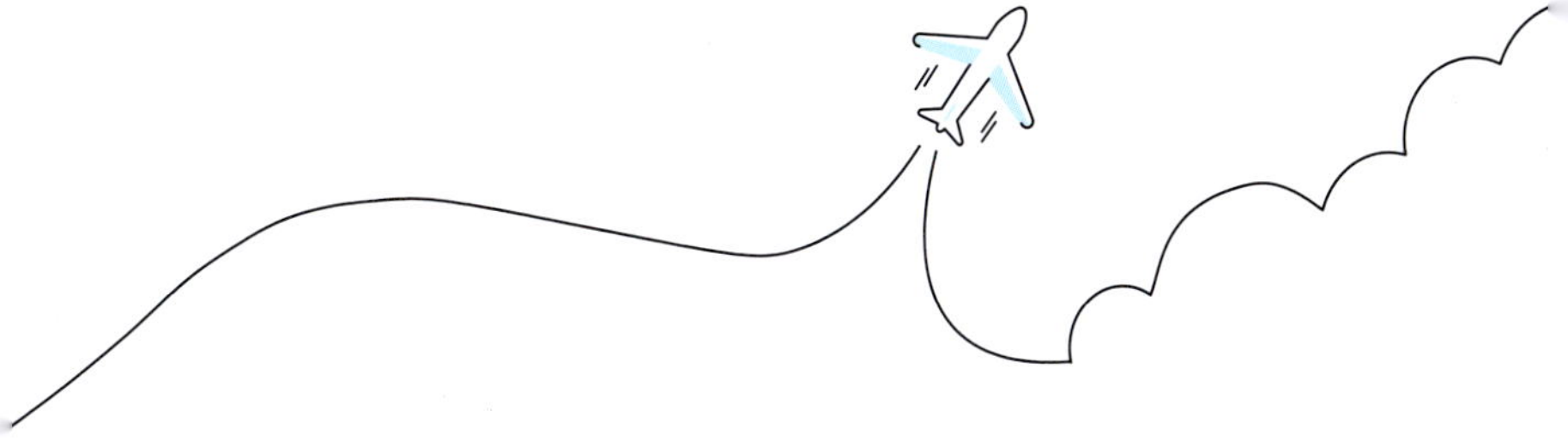

日曜の夜の誓い

２００3年10月の日曜日、いつもの週末と同じように昼間ゴルフをしてそのままゴルフ仲間たちと麻雀をした。夜の12時頃になった帰り道、車の運転中に理由は全くわからないがなんとなくものすごく虚しさに襲われた。

真夜中たった一人で車を運転しながら色々と考えた。子供も手がかからなくなり、仕事も軌道に乗った今、毎週末ゴルフをして麻雀をするだけで私の人生おわるのだろうか？

この胸にぽっかり空いた虚しさの穴を埋めるような何か大きなことをしてみたいと切実に思った。一体何があるんだろうと色々と考えていた時に、そうだ！　空を飛んでみようと唐突に思いついた。空を飛ぶことは子供のころからの夢だったが、父親が早くに亡くなったため家業を継がなければならず残念ながら断念した思いがあった。

この際夢を実現してみようと考えると、不思議なことに胸がすっと軽くなった。翌日早速飛行訓練校を探してみた。

東京近郊には2つあり、そのうちの一つで調布にある訓練校に電話してみた。週末に訓練する生徒がいるので、その機体に一緒に乗ってみませんかと誘われた。訓練する機体の後部座席に乗り、どんなことをするのか体験してみたらいいでしょうという。体験なのでもちろん無料だという。

入学金だ、授業料だとややこしい条件をつけられると想像していたが話はすんなりと決まった。無料で乗せてくれると言うのだからとにかく行ってみよう。

当日、車を走らせ約束の時間より15分早く指定された調布の飛行場に着いた。滑走路の脇には小型の軽飛行機が止まっていた。駐車場に車を入れ軽飛行機に近づいてみるとかなり老朽化している。30年はたっていると思われるほどのボロボロの機体だった。

まさかこれに乗るわけではないだろう。不安を振り切って事務所に入ると高齢の男性が2人ソファーに座っていた。あいさつをすると一人は教官で、もう一人は訓練生だとわかった。飛行機の操縦なので当然のように若い訓練生と教官の組み合わせを想像していたが完全に裏切られた。恐る恐る年齢を聞いてみると教官が71歳、訓練生は74歳で現役の個人タクシーの運転手さんだと言う。では乗るのも外にあるあのオンボロか……と不安がよぎり確認すると「もちろん」と答えられ、その先は言葉もなかった。

飛行開始となり言われるままに後部座席に乗り込んだ。狭くて窮屈で外がよく見えない。首を伸ばしてやっと上空と左右の景色が覗ける程度だ。「もし事故が起きたら、このままあの世行きか」そう思うとまるで四角い棺桶に入れられたような気分になった。

「ま、いいか」半分開き直ったところでブルブルーッと鼓膜を大きく振動させるエンジン音が響き離陸が始まった。

狭いだけではなく騒音も大きい。飛び立ってみると小刻みな振動が続き、時に左右に時に上下に大きく揺れる。滑るように滑空するイメージとは大違いだ。酔わないように首を伸ばし外を見るようにした。

上空に舞い上がると都心を目指して飛んでいった。途中、高いビルを見つけ、そこを中心にして正確に円を描いて飛ぶ訓練を繰り返した。次は郊外の河川敷にある飛行場を目標に飛び、そこの滑走路を使って着陸と離陸の訓練が始まった。離着陸の訓練を終えてもとの飛行場に戻ることになり高度を上げると気流のせいか上下左右に激しく揺さぶられた。気分が悪くなりもう外を見る気にもならない。ゆっくりと降下し軽くバウンドして着陸、滑走路の端で止まった。機外に出ると緊張感が一気にほどけ強烈な吐き気が襲ってきた。我慢しないで滑走路に思い切り吐いた。

初老の教官と訓練生は同情するような苦笑いを浮かべて見ている。呼吸を整え気持ちを落ち着かせた。

高齢の訓練生と少し話をしてみた。訓練生は貯金ができるとここに来て操縦を教えてもらい5年ほど通っていると言う。飛行時間は200時間くらいになりトータルで

400万円近くを注ぎ込んでいた。

「そんなにカネがかかるんですか」

「日本で免許を取るなら500万くらいは常識だよ。俺も生きているうちに取れるかどうかわからない」

冗談めかして高齢の訓練生は笑った。そんなに時間とカネがかかるのかと現実を知り大空への夢が急速にしぼんでいった。

コバルトブルーの空と海

東京での初飛行以来、空を飛ぶ夢は意識の中から消えすっかり忘れていた。それから3カ月後、正月休みを利用して家族旅行でグアム島に出かけた。

グアム島のホテルにチェックインしたときフロントに置いてあるオプショナルツアーのパンフレットに目が止まった。「グアム島一周遊覧飛行」と書いてある。部屋に持ち帰り目を通すと遊覧飛行のほかに体験操縦もできるコースがある。操縦が体験できるならいいのではないだろうか。フロントに降りて行き体験操縦コースの予約をした。

翌朝、グアム国際空港にある遊覧飛行会社に行った。この会社は日本人の経営で、乗るのは単発のセスナ機だと説明された。実際にセスナを見せてもらうとやはりだいぶ古くがっかりした。ところが前の席の操縦席に座ると気分は一転した。東京で乗ったオンボロ飛行機の狭苦しい後部座席とは違い周囲がよく見える。座り心地も悪くない。

上空に舞い上がると居心地のよさはさらに向上してパラダイスに変わった。頭上にはまっ青な空が広がり遠くに真珠色に輝く雲が浮かんでいる。眼下にはエメラルドグリーンの海と打ち寄せる白い波、緑に覆われたグアム島のジャングルが手に取るように見える。南の島のせいか気流が安定していて揺れもほとんど感じない。少年のころ、空を見上げて鳥のように空中遊泳するのを思い描いたが、それと同じ世界を現実に体験できすっかり虜になった。

1時間の飛行を終えジャンボ機も使うグアム国際空港の3000メートル滑走路に着陸した。これも東京郊外のちっぽけな滑走路に降りるのとは違い爽快な気分になり大いに気に入った。「これだ、やっぱり空を飛ぼう」セスナを降りたときには気持ちが固まっていた。インストラクターの話では、この会社はフライトスクールもやっていてグアムで免許を取り日本の免許に書き換えも可能だと言う。学科の勉強を日本でやり週末にグアムに来て練習すれば効率よく免許が取れると説明を受けた。

帰国後、東京にあるフライトスクール本部を訪ねた。費用は教材、学科講習、訓練飛行のすべてを含めて120万円。これなら私にもできると思い、言われるままに全額を払い込んだ。その日から教材をもとに学科の勉強に取り組み、週末にはグアムに行って訓練飛行をする生活が始まった。

ところが意外な落とし穴があった。グアムでは1機しかないセスナを遊覧飛行にも訓練飛行にも使っている。そのため思うように時間が取れない。わざわざグアムまで来ても1時間か2時間飛べればいいほうだった。教官に「もっと早くたくさん飛びたいのですが……」と相談するとロサンゼルスにも同じ系列のフライトスクールがあり、そこに行けば自由に飛べると教えられた。このままグアムで訓練を続けてもいつになったら免許を取れるかわからない。かと言ってわざわざロスまで行くのもいかがなものか……。気持ちに迷いが出て次の訓練飛行の予約をしないまま帰国の途に就いた。

グアムから帰って急に仕事が忙しくなり半年が経過していた。ロサンゼルスはおろかグアムに行く時間さえない。そんなある日、通っていたフライトスクールの経営が悪化していつ潰れてもおかしくないという情報が舞い込んできた。これはおちおちしていられない。払い込んだ120万円がパーになる。潰れる前に学科講習だけでも受けておこうと東京の本部を訪ねた。学科講習は日本語で行われたが使う教科書は英語だった。内容がよく理解できずまったく頭に入らない。それでも3カ月間の講習課程を修了した。

気がつけばグアムで飛んでから1年近くがたとうとしていた。

　年が明けた2005年の1月中旬、仕事のスケジュールをやりくりして1週間の休みを取った。フライトスクールが潰れる前にできるだけ訓練を受けておこうとロス行きを決断したのだ。

　日本を飛び立ってから約10時間、やはりアメリカ本土のロスまではかなりの長旅になる。ロサンゼルス国際空港に降り立つと直接、フライトスクールのあるロングビーチ空港に向かった。ロングビーチ空港はロスの空港から南に15キロほどの距離にある。

　ロングビーチ空港の敷地内にあるフライトスクールを訪ねるとプロのパイロットを目指す若者たちが多く集まり活気にあふれていた。何名か女子の訓練生も目につく。その中にぽつんと日本人のおやじが仲間入りしたのだからなんとも不釣り合いで思わず苦笑いしてしまった。

　翌日から始まる訓練のカリキュラムは午前中に2時間の訓練飛行、午後は訓練飛行中の反省と学科の勉強にあてられている。事務手続きを終え空港の近くに予約した一泊60ドルの安ホテルにチェックインすると荷物をほどいた。これで1週間の合宿生活の始まりである。

フライトスクールでの挑戦

カリフォルニアは空が青く澄みきって雲一つない晴天が続く。天候に影響されることがないので毎日、快調に訓練飛行ができた。訓練用のセスナも5、6機あるので順番待ちのイライラもない。想像以上にコックピットからの眺めは素晴らしく操縦のおもしろさにのめり込んでいった。悩みといえば英語力の未熟さだった。

離陸するときは管制官に現在位置と乗員数、飛行する訓練空域と高度を伝える。管制官はそれをもとに使用する誘導路と、どの滑走路を使って離陸すればいいか指示を出す。この指示がペラペラと英語でまくし立てられよく聞き取れない。

管制官にしてみれば離着陸する複数の航空機に矢継ぎ早に指示を出すため早口になるのは仕方がない。指示を出された方は聞き違いがあっては事故につながるのでオウム返しに言われたことを繰り返して答え、最後に機体番号を付け加える。この確認作業によって管制官は指示した機体にきちんと指示できたことがわかるので、これができないと離陸許可が下りない。

１日目の訓練飛行では教官の助けを借りてなんとか乗り越えたが、一人ではとても対応ができない。フライトスクールの帰りにテープレコーダーを買い翌日から操縦席での会話をすべて録音した。そのテープをホテルに帰ってから何度も聞き直した。1週間分録音したテープは日本に持ち帰り運転中など時間があれば聞き直してイメージトレーニングに使うつもりだ。

フライトスクールでの訓練はまたたく間に1週間がすぎ最終日を迎えた。午前中の訓練飛行を終えて午後からは学科試験を受けることになった。日本での学科講習は英語の教科書を使い日本語の授業なのでポイントがつかめず、まるで知識が頭に入らなかった。これではテストに合格できないとある秘策を練った。

アメリカで受ける学科試験はコンピュータを使ったオンラインテストだ。テストの練習問題は日本でもダウンロードできる。練習問題とまったく同じ出題が80パーセント近く出て70パーセント以上正解すれば合格になる。そこで難しい英語の教科書はざっくり読んでおき練習問題の丸暗記にはげんだ。この書き出しの文章の質問の答えはａ、ｂ、ｃ、ｄのうち「ａ」と単純化して、質問の冒頭部分だけを暗記した。暗記は受験戦争を経験した世代にとっては得意技だ。

テスト開始となり個室で一人コンピュータの前に座らせられた。持ち時間は90分、外部との接触は一切禁止である。モニターにテスト問題が映し出された。練習問題とほとんど同じ出題だった。緊張感が解けリラックスして次々に答えていった。20分ほどで全問終了。結果はほぼ満点で合格した。

学科試験はクリアした。あとは訓練飛行に集中できる。フライトスクールに1カ月後の2月中旬に来ると予約をして、やる気満々で帰りの旅客機に乗り込んだ。

若鷲《わかわし》の巣立ち

ロングビーチ空港の滑走路に立ち、透き通るようなカリフォルニアの青い空を見上げた。東京の空はどんよりと曇り、肌を刺すような厳しい寒さが続いていた。それにくらべここには春のような日差しが降りそそいでいる。帰国していた1カ月間、操縦室で録音したテープを車に持ち込み音楽を聞くように毎日聞いていた。テープを聞くと教官と管制官とのやり取りがはっきりとした情景になって浮かび意味が理解できた。管制官の早口も言葉の一つ一つが完璧に聞き取れる。

訓練飛行再開の日、離陸許可をもらうため管制官にコンタクトした。会話はスムーズで隣にいる教官も「まるできのうまで、ここで飛んでいたようですね」と感心していた。これで離着陸時の誘導にあわてることはない。的確に対応できる自信がついた。

空港を飛び立つと教官の指示で海上の訓練空域に出た。ここで失速ぎりぎりのゆっくりしたスピードで飛ぶスローフライトの訓練を受けた。飛行機にはブレーキがないので着陸時に先行機との間隔を保つための訓練だ。セスナは思いどおりに飛行してグライダーのように滑らかに滑空していく。爽快な気分に浸った。

今回の訓練飛行では正確に円を描いて飛んだり、失速状態からの回復など高度な技術を教え込まれた。その度に操縦の腕前が上がっていくようで楽しくてたまらない。飛行機を乗りこなすおもしろさにますますのめり込んでいった。

学校の勉強では「なぜ、こんなことまで覚えなければいけないのだろう……」というようなことまで教わるが、飛行機を操縦する勉強では本当に必要最小限のことだけを習うので、すべて完璧に覚え込まなければいけない。実際に飛行中に陥るような状態を想定して、それに対処する方法を教わるので気を張りつめて練習した。

予定の1週間があっと言う間にすぎ訓練飛行の最終日、いつものようにセスナに乗り格納庫から出ると教官が「ソロフライトでやりましょう」と言った。単独飛行で空港の上空をぐるりと旋回して降りて来るように指示されたのだ。

教官は「大丈夫ですね、じゃあ……」と言ってさっさと降りてしまった。そのとたん言い知れぬ不安感が襲ってきた。これまで飛行機に乗って恐怖を感じたことは一度もなかった。その気持ちは、あの惨めな思いをした東京での初飛行からずっと変わっていない。怖いと思ったら飛行機の操縦はできない。

かつて操縦の訓練を始めたとき友人や家族から猛反対された。反対意見の多くは「もしも何かあったらおしまいよ」という言葉に集約されるが、この「もしも」の事故やミスは無限大に想定できる。そして「おしまい」とは死を意味していた。確かに車ならエンストしても止まるだけだが、飛行機は落下して地上に激突、一巻の終わりだ。それでも恐怖感は湧いてこなかった。

いま、一人ぼっちで操縦席に座っている自分を押し潰そうとしているのは恐怖感なのか。いや純粋な不安感だと気がついた。ストレートに言えば単純に心細いのだ。何かミスを犯しても助けてくれる人がいない。その心細さは想像以上にプレッシャーとなってのしかかってきた。それでも小刻みに震える指でスロットルを押してエンジンを全開、離陸態勢に入った。

セスナは滑走路を走り抜けいつもより軽やかにふわりと浮き上がった。教官一人分の体重が減っただけで機体にかかる負担は格段に軽減されたようだ。上空に舞い上がると操縦性がよく快調に飛び回った。何をするのも自由だ。思いどおりの円を描きながら空港の上空を旋回した。離陸のときの不安感は次第に薄れていき開放感に包まれ爽快な気分でカリフォルニアの大空を飛んだ。指示された旋回飛行も終了して着陸もスムーズにできた。

　滑走路から訓練機を格納庫に入れて地上に降り立ったとたん足ががくがくと震え、いままで感じたことがないほどの感動が全身に満ちあふれてきた。その感動は「やったぞーっ」と叫びたくなるほど強烈なものだった。

　多くのパイロットにとって初の単独飛行が一番感動的だったという話はよく聞く。アメリカでは単独飛行を成し遂げたパイロットを祝福して水かけの儀式が行われる。若鷲の巣立ちを祝ってバケツの水をぶっかけるのだ。

　フライトスクールでも単独飛行に成功した訓練生を取り囲み、みんなでバケツの水を浴びせているのを何度か目撃した。水を浴びせられた訓練生からは水のカーテンをくぐっていままでの人生を洗い流しパイロットとしての将来を見据えて飛び立つぞ、という決意のようなものが感じられた。そんな限りない未来と可能性を秘めた若者たちを見ると羨ましく思った。

　格納庫で感動に震えしばし放心状態でたたずんでいたが、さすがに父親以上の年齢をしたおやじに水をかけようとする訓練生は現れなかった。

アメリカの懐の深さ

単独飛行から1カ月後の3月中旬、3度目の渡米をした。訓練飛行も内容が濃くなり飛行距離も伸びた。夜間飛行訓練もある。

初めての夜間飛行はおとぎの国を飛んでいるような魅惑にあふれていた。夜のロサンゼルス上空は気流も安定して風にあおられ揺れることもない。夜の闇に包まれた空間をふわりふわりと飛んで行く。眼下にはオレンジ色の光がまたたく市街地が遥か彼方まで広がり地上に星屑をまいたようだ。空中に目を移すと暗闇の中をぽつんぽつんと赤いランプを点滅させた飛行機がホタルのように飛び交っている。一瞬、自分もおとぎの国のホタルになった錯覚にとらわれ幻想的な世界に入り込んでいた。夜空を飛んだあと着陸誘導ライトが点滅する滑走路に滑るように降りた。満足感で気持ちが満たされていった。

翌日の訓練は内陸部にあるサンバーナーディーノ空港まで行って着陸、再び飛び上がってロングビーチ空港に帰って来る長距離単独飛行だった。サンバーナーディーノ空港は軍用空港だったものが使用されなくなり民間に開放されたものだ。そのため3000メートル級の滑走路を自由に使える。往復2時間を超える長距離飛行に不安と恐怖感がつのり、さまざまな困難な状況を想定して準備を整えることで気を紛らわせた。

想定される「もしも」に備えてポケットナイフ1本と大きな空のペットボトルを用意した。ポケットナイフは緊急事態で不時着したらシートベルトを切断して窓を割り脱出用に使う。また人里離れた場所に不時着した場合、暴漢に襲われる危険もあるという噂話も聞いていたので、その時はポケットナイフで身を守る覚悟でいた。空のペットボトルはおしっこが我慢できなくなったらそこに放出するためだ。さらに不意の便意や尿意を避けるため朝から水も食べ物も一切口にしなかった。

離陸までは緊張していたが飛び立つと飛行は順調だった。1時間ほどでサンバーナーディーノ空港がぼんやり見えてきた。空港の上空にさしかかり旋回して滑走路の状態を確認した。3000メートルもあれば離着陸できるセスナにとって3000メートルの滑走路は十分すぎる。どこに降りてもかまわない。おかげで楽な着陸ができた。離陸もスムーズで予定どおり午前中の2時間でロングビーチ空港に戻って来た。

セスナを格納庫に入れ教官室に鍵を持って行くと次に飛ぶ訓練生に渡してくれと頼まれた。訓練生は女性で食堂にいると言う。食堂を覗いてみると端っこのテーブルで大盛りの唐揚げ弁当を食べている女の子がいた。ここはカリフォルニアのロングビーチだ。どこでジャパンブランドの大盛り唐揚げ弁当を手に入れたのか不思議に思ったがあえて聞かず、「これから飛ぶのにそんなに食べてだいじょうぶなの」とたずねた。女の子は口をもぐもぐさせながら、「だって事故で漂流したら救助が来るまで持ちこたえなければならないからいっぱい食べて栄養つけておくの」と当たり前のような顔をして言った。

私は同じコースを飛ぶ前、もしもの時に備えて自分で生き抜くようにナイフを持ち、トイレをしなくて済むように飲水や食べ物を取っていない。この女の子はこんなに食べて上空でトイレの心配はないのだろうか。他人事ながら気になる。男と女では危機に対処する考え方が、ここまで違うものかと改めて認識させられた。

待てよ、もう一つ気にかかることがあることに気がついた。「漂流」ってどういう意味だ。サンバーナーディーノ空港は内陸部にあり海の上なんて飛ばない。海は反対方向である。この女の子はいったいどこを飛ぶつもりなのだろう。ちょっと心配になって航空図を見せてもらった。女の子らしく蛍光ペンで飛行コースに線が引かれ、目印になる道路上の交差点はきれいに色分けされていた。

「このルート91に沿って飛んで行きY字路が見えたら左に旋回して、9個目の交差点を左に旋回すればサンバーナーディーノ空港に着くのよ」

まるでドライブでもするような軽いノリだ。鍵を渡すと女の子は残った唐揚げをほおばると口をもぐもぐさせながら立ち上がって訓練機に向かった。

3時間後、少しよろけるような感じで訓練機が進入してきた。危なっかしく2、3回バウンドしながら着陸すると操縦席からわんわん泣きながら女の子が降りてきた。訓練生たちが駆け寄った。

「もう、怖くて死んじゃうかもしれないと思った」

そう言うと女の子は再び大きく泣きだした。みんなでなだめ、気持ちの動揺が収まったところで話を聞いてみた。どうやら飛行コースを間違えたらしい。上空から見る道路上の交差点は航空図とは違ってどれも同じに見え、目標にしていたY字路もどれかわからなくなったらしい。Y字路は正しく進入すればY字路だが、少し方向が違えば直線に見える。自機の位置がわからなくなり、だいだいの勘でもうこの辺りだろうと左に旋回すると高い崖が迫ってきた。そこで引き返せばいいのに変なところで度胸がよく「一度飛び越えてみましょう」とエンジンをフルパワーにして飛び越えた。するとどこまで飛んでも砂漠ばかり。さすがに「燃料切れで墜落して死んじゃう」と急に心細くなり涙があふれ出してきたと言う。

泣きながら引き返すと先ほどの崖があり、もう一度飛び越えると偶然サンバーナーディーノ空港が見えたらしい。訓練生たちと、その話をもとにどこを飛んだのか航空図で確認してみると左に旋回するのが早すぎ、旅客機が飛び交うオンタリオ国際空港の上空を許可なく通過、ラスベガスに向かう砂漠の崖を飛び越えたのがわかった。飛行機は機長席が左側にあるため、何か確認するための旋回は通常左旋回を行う。その方が下がよく見えるからだ。ところがこの女の子はどういうわけか右旋回をし、結果的にそれが幸いしサンバーナーディーノ空港の上に出ることができた。大変に幸運だったといえるだろう。

１カ月後の４月中旬、訓練飛行の最後になる４回目の渡米をした。私は１カ月に１週間ずつしか飛べないので進歩は遅いが、一般の訓練生はもう４カ月間訓練しているので顔なじみになったフライトスクールの訓練生たちも次々に卒業していき、あの大泣きした女の子も厳しい訓練を乗り越え操縦免許の試験に合格した。風の便りによると10年たったいまはジャンボ貨物機の副操縦士として立派に空を飛んでいるというから世の中わからないものだ。

１週間の滞在に合わせて最終日に操縦免許の試験を受ける予定を立てた。試験を受けるには、いくつか受験資格を取るための訓練飛行をしておく必要があった。訓練飛行の中でも一番印象に残ったのが「夜間の単独飛行で３カ所の空港に離着陸し、２５０キロ以上の距離を飛ぶこと」だった。

この訓練をクリアするため夕闇迫るロングビーチ空港を飛び立った。初めにサンバーナーディーノ空港を目指して飛んだ。サンバーナーディーノ空港は旅客機の発着に使われていないため夜間照明もなく管制官もいない。では暗闇の中でどうやって着陸するのか。まず空港に近づいたら無線の周波数を空港の周波数に合わせる。そしてマイクをトントントンと3回たたくと音に反応して滑走路の照明がつきほんのりと明るくなる。5回たたくとさらに明るくなり、7回たたくと一番明るくなる。あとは好きなだけ離着陸の練習ができ照明は自動的に切れることになっている。

離陸してから1時間、サンバーナーディーノ空港に近づき照明の仕掛けを試すときがきた。無線を空港の周波数に合わせマイクを軽く3回たたいてみた。夜の闇に覆われた大地にうっすらと滑走路が浮かび上がった。「本当だ、マイクをたたくと照明がつく……」、興奮して5回、7回と続けてマイクをたたいた。照明は次々に明るさを増していき滑走路を煌々と照らし出した。

この時の感動はいまでも鮮明に覚えている。そしてしみじみと思った。アメリカという国は自由でなんと懐が深いのだろう。英語もうまくしゃべれず飛行技術も未熟な外国人に、頭上を自由に飛ぶことを許してくれる。管制官もつたない英語に付き合って親切に誘導してくれる。またサンバーナーディノ空港のような立派な施設を無料で自由に使わせてくれる。その恩恵にあずかった日本人としては感謝の気持ちでいっぱいになった。

夜間の単独飛行のあと操縦試験を受けて合格。4度の渡米と約60時間の飛行で操縦免許を取得できた。これも自由で条件のいいアメリカで訓練を受けられたおかげだ。達成感と操縦への自信が全身にみなぎってきた。これからは自由に大空を飛べる。カリフォルニアの青い空を見上げながら夢は大きく膨らんだ。ところが、アメリカにくらべて日本は規制が多く航空業界も閉鎖的で旧態然としている。帰国後、その厄介さを思い知らされることになる。

日本的社会システムの壁

日本で飛ぶためにはアメリカで取った免許を書き換えることが必要であり、そのままでは飛べない。日本の身体検査にパスし無線免許も日本のを取らなければならない。日本の操縦免許、正式には「自家用操縦士」という国家資格が手に入ったのは2007年1月、すでに57歳になっていた。

免許が取れると飛びたくって仕方がなかった。そこで自宅から一番近い調布にある飛行クラブに連絡して飛行機をレンタルしてくれるか問い合わせてみた。クラブ側は副操縦士を同乗させる条件つきでレンタルに応じてくれた。日本の空を飛んだことのない者が、いきなり単独で飛行機を借りられるほど空を飛ぶことはやさしくない。

レンタル予約日、飛行クラブに行ってみると貸してくれるのは翼が胴体の下に付いている低翼機のパイパーチェロキーだった。滑走路の脇に置かれたチェロキーはだいぶ年季が入ったオンボロだ。修理に修理を重ねて使っているのがよくわかる。それでも飛べればいいいと思った。

低翼機はセスナのような高翼機にくらべて重心が上にくるのでやや不安定になるが操縦性は向上する。実際に飛んでみるとひらひらと軽快に舞う。これまで乗っていたセスナは翼が邪魔して上空の見晴らしはよくなかった。それにくらべて頭の上の青空がパノラマのように見渡せた。その分、眼下の景色は翼に遮られて見えにくい。

久しぶりのフライトなので天気もいいしピクニック気分で伊豆の大島まで行くことにした。調布から大島までなら1時間ほどだ。海辺の温泉に入って、三原山に登って、うまい魚を食べて3時間から4時間で帰って来られる。気分転換にはもってこいだ。

副操縦士はいくつか注意点を教えてくれた。大島周辺は常に東西に風が吹いている。滑走路はこの風を横から受けるように南北に伸び、さらに三原山に当たった風が滑走路の上空に乱気流を発生させる。小型機は乱気流の影響を受けやすいので注意しなければならない。また、滑走路が海に突き出すように造られていて進入コースの手前が崖になっている。通常の着陸では滑走路の手前端を目がけて降りるが、大島では下降気流に巻き込まれ高度がガクンと下がり崖に激突する危険がある。このため滑走路のまん中あたりを目標にして着陸する。

なるほど、気流が安定して快晴続きのカリフォルニアを飛んでいたから大変参考になった。やがて東京湾上空から太平洋に出るとぽつんと島影が見えてきた。大島だ。接近して滑走路の位置を確認。気流の変化に注意を払い慎重に着陸した。しばらく島で過ごしたあと離陸もうまくいきフライトは大成功だった。

その後、何度かチェロキーをレンタルして飛んだが副操縦士つきの操縦に物足りなさを感じるようになっていた。いつも隣に教官が座っているようでうっとうしい。それに肝心の着陸態勢に入ると横からスーッと手が伸びてきてスロットルをいじられ操縦桿の主導権を奪われてしまう。こちらは手を添えているだけだ。これではつまらない。操縦を楽しみ、自由に大空を飛ぶ初期の目的を果たすためにも、自家用機を購入することにした。

憧れの小型機マリブ・ミラージュ

いざ自家用機を買うとなると現実は厳しかった。日本の小型機市場は「古い、高い、少ない」のだ。30年以上前に製造されたオンボロが堂々と現役で飛んでいる。

なぜこんなに数が少ないのか調べてみると技術大国、工業大国、経済大国の日本も小型機のレベルで言えば、閉鎖的な発展途上国だった。実際に小型機が駐機している飛行クラブに行ってみるとわかるが、駐車場に止めてある車はカーナビつきのハイブリッド車などピカピカの最新型がズラリと並んでいる。一方、飛行機はGPSなしエアコンなしレーダーなしの旧式ばかりで目を疑ってしまう。道路を走る車より厳しい条件の空を飛ぶ飛行機なのに基本的な装備さえ付いていない。日本のプライベートパイロットの多くはGPSやレーダーの装備がなくても飛べる有視界飛行の免許しか持っていない。目で周囲が見える時しか飛んではいけない免許だ。もちろん雲の中は飛べない。雲に近づきすぎると法規違反になる。天気のいい日にしか飛べないのだ。乗客を乗せて遊覧飛行をするプロのパイロットでさえ有視界飛行の免許で飛んでいる連中がいる。これはGPSやレーダーの付いている飛行機が少ないこともあるが、計器飛行の操縦テストと学科試験が難しいことも原因している。

日本が小型機市場の発展途上国である原因はいくつかあった。まず、戦後の占領政策で10年以上も航空機の研究開発を禁止されていた。このため航空機産業が育たず海外の航空機メーカーに大きく遅れをとってしまったのだ。１９５７年に解禁になったが小型機として生産されたのは富士重工のエアロスバルだけだった。エアロスバルは約50年も昔の１９６５年に生産が開始され操縦性がよく性能が優れていると評判になったが、採算割れで１９８６年に生産中止になっている。そのロートルのエアロスバルでさえまだ20機以上が飛んでいる。

国内にめぼしい小型機がなければ輸入すればいいはずだが、そうもいかない事情がある。役所による規制により実際に飛べるようにするには複雑で多岐にわたる手続きが必要なのだ。輸入しても国土交通省の許可がもらえなければ飛べないままオクラ入りになってしまう。あれやこれやとややこしすぎて専門業者でも輸入に尻込みするだろう。いま国内にある小型機をたらい回しにしたほうが手間はかからないしリスクも少なく儲けもでる。いっそのこと航空機メーカーと代理店契約を交わす商社を使って輸入しようと当たってみたが、中古機は扱っておらず新造機を正価で購入することになり大変高価となる。

結局、現状を甘んじて受け入れ国内で売りに出ている小型機を購入するほかになかった。情報を集めてみると岡山にある岡南飛行場に拠点を置く航空機販売会社からマリブ・ミラージュが売りに出されていた。岡南飛行場はかつての岡山空港で、現在は貸切輸送、遊覧飛行、宣伝飛行、自家用機の駐機場に特化した飛行場として小型機の拠点となっている。

航空機のカタログ雑誌でマリブ・ミラージュを探してみるとアメリカのニューパイパー社製で1983年から生産が開始され、これまでに800機以上が売れている人気機種だった。パイロットを入れて6人乗りの低翼機で運動性もよく単発プロペラ機としては最高の性能を誇る。掲載されているマリブの写真を見るといままで乗ったどの小型機よりも立派でピカピカに輝いて見えた。これが欲しい。さっそくインターネットで調べその会社の社長に連絡し、メールと電話で何度か連絡を取り合った。初めに値段を聞いてみた。新品同様なのでかなりの高額を提示され思わず退いたが、必要な金額をかき集め社長に連絡した。実物を見ていない飛行機のために大金は出せない。かと言って東京まで運んでもらい「いらない」とも言えない。そこで岡山まで行くことになった。

岡南飛行場のロビーまで迎えに来てくれた社長は、がっしりとした体格で縦縞のスーツに金縁のメガネをかけ、腕には金のローレックスに金のチェーンと光り物をチャラチャラさせていた。典型的なその筋の人に見えて「やっぱり……」と不安がよぎった。

人を外見で判断しては失礼になるがこれから大金がかかった取引がある。不安になり身構えてしまうのも仕方ないだろう。

「やあ、事務所で話しましょうか」

事務所に案内され中に入ると誰もいなかった。社長と二人っきりになりソファーに座って用意された名義書き換えの書類に目を通した。

「ちょっと失礼」

気持ちを落ち着かせるために書類を持って立ち上がり窓際から外を見た。ここに来る前、安全に取引を済ませるためにいくつかの段取りを組んでいた。まず司法書士に事情を話し、東京で電話の前で待っていてもらい書類に不備がないか確認してもらうことにした。次に銀行を説得して電話での振り込み依頼に応じてくれるよう頼んだ。こちらから電話をかけたら預けてあるカネをその場で指定口座に振り込んでもらうのだ。社長は入金が確認できたら書類にハンコを押して取引成立になる。取引が済んだら、すぐに自分で操縦して東京まで運ぶつもりだ。

電話で司法書士と話しながら書類のチェックを進めていると特に問題はないとわかった。ほっとして社長を見つめ「ＯＫです」と答え、代金を振り込む前に機体を見せてもらうことになった。

格納庫に納められたマリブはピカピカに輝いて堂々とした風格を漂わせていた。

「かっこいいですね」

思わず言葉がこぼれ、気持ちは子供のようにはしゃいでいた。社長に勧められてコックピットに入ったとたん背筋がゾーッとして頭がまっ白になった。見たこともない計器類がびっしりと並び操作レバーが何本も付いている。これまで乗ったセスナやチェロキーは計器が3、4個でレバーは1本しかなかった。どうやって操縦するのかまったくわからない。これでは自分一人で東京まで飛んでいくことなどできない。呆然としていると社長が声をかけた。

初めての愛機。マリブ・ミラージュ。

「うちのパイロットをつけるからさ、東京まで一緒に飛んでいきなよ」

「えっ、パイロットを頼めるんですか」

「いいですよ。日当はお願いしますけどね」

ありがたいと思った。どうやったって自分に操縦できる飛行機ではない。自分がいかに浅はかで無謀な行動をしたか反省して思わずうなだれた。

「悪いことは言わないからうちの操縦士と一緒に乗って10時間くらいは練習したほうがいいよ。こいつはケタ違いの馬力を出すから慣れておかないと一人で飛ばすのは危険だよ」

ヤクザ風の社長が意外にも親切で的確なアドバイスをしてくれた。人を外見で判断してはいけない……。光り物も縦縞のスーツもあくまでも社長のファッションセンスで個性だ。信用して問題はない。その場ですぐに銀行に電話を入れ振り込み手続きを取ってもらった。入金が確認されて取引完了。社長の申し出をありがたく受け「パイロット」に同乗してもらい東京に向けて飛び立った。

有視界飛行の限界

マリブの性能はケタ外れに優れていた。単発のプロペラ機でありながら350馬力の高性能エンジンを積み、ジェット機なみに高度8000メートルまで上昇できる。最高時速は300キロ以上出て、航続距離は1600キロ、日本中どこでも好きなところに行ける。高高度を飛行するため機内は完全密封、旅客機と同じ与圧機能が装備されエアコンもあり快適だ。計器類はGPS、レーダーなど計器飛行に必要なものはすべてそろっている。

高性能の機体を思いどおりに操るため訓練にはげんだ。教官は岡山からパイロットが泊まりがけで来てくれた。訓練コースは埼玉の飛行場から仙台空港まで飛び離着陸の訓練をして帰ってくるのが定番になっていた。

目的地を仙台空港に設定したのにはわけがある。仙台空港には航空大学があり、小型機が頻繁に訓練を行っている。このため管制官は小型機の誘導に慣れていて小型機が何度も離着陸の訓練をしても嫌がらない。気持ちよく訓練できる。ほかの空港では有視界飛行で飛んでくる小型機の誘導に慣れていない管制官が多いためこうはいかない。計器飛行でバンバン飛んでくるジェット旅客機をレーダーで誘導する合間に小型機を割り込ませて着陸させるのは、スピードも違うし慣れていないと危険だ。日本では小型機の市民権は極めて低い。

さて、仙台に着くと楽しみは空港のレストランにある「牛タン定食」だ。仙台名物だけあって分厚く脂がのってうまい。何度食べても飽きない味だ。午前中に離着陸の訓練を終え昼に牛タン定食を食べて帰ってくる。楽しい訓練を続け高性能機の操縦にも慣れてきたので最後に沖縄まで飛んで終わりにすることにした。

埼玉の飛行場を離陸してしばらく内陸部を飛び、伊豆半島を抜けて太平洋上に出ると海岸線に沿って南下。雲一つない快晴の中を飛び続け四国沖に差しかかったとき突然大きく揺れだした。

「ＣＡＴ（晴天乱気流）だ。減速、減速」

とっさに副操縦士が叫んだ。このまま乱気流に突っ込むと翼をもぎ取られる危険がある。スロットルを引いてパワーを下げ時速２００キロまで減速した。マリブは性能をアップするため限界まで軽量化が図られている。おかげで高度８０００メートル、時速３００キロ以上で飛べるがその分、機体にかかる負荷には弱い。乱気流の中を高速で飛べば翼が根元からぽきりと折れバラバラになりかねない。一瞬ヒヤリとしたが乱気流をやりすごし時速３００キロに上げた。ＣＡＴは目にも見えないしレーダーにも映らない危険な存在だ。アクシデントではなく、常にそこにある危機と考えたほうがよさそうだ。高度を2000メートルに下げのんびりと海岸線の景色を眺めて飛んだ。

やがて九州の大隅半島と種子島、屋久島が見えてきた。さらに高度を下げ低空で島の上を通過した。視線を海上に移すとトカラ列島の小島がぽつんぽつんと浮かんでいるのが見える。小さな島々の上空を一つ一つ飛び越えて行くと前方にひときわ大きい奄美大島がゆったりと横たわっている。そのまま飛び続けいよいよ沖縄本島が近づくと海の色がガラリと変わった。コバルトブルーが実に美しい。「これだ、これだ。この景色だ」心の中で小躍りするように叫んだ。

空を飛ぶ最大の楽しみは操縦のおもしろさもあるが上空からの眺めだ。東京スカイツリーの展望台から雄大な景色を眺めて「わーっ、すごーい」と感動しない人はいないだろう。操縦席からの眺めはそれの何倍もの迫力がある。さらに展望台のように定点観測の決まった景色ではなく移動にともない千変万化、万華鏡のように変化する。操縦席からの眺めは何物にも代え難い喜びと感動を与えてくれる。自分にとって操縦は常にチャレンジであって、楽しみは空からの眺めだった。

やがて岬の突端に突き出た那覇国際空港の滑走路が見えてきた。航空自衛隊の基地も併設されているため空港の敷地は広く、伸び伸びとした広がりを見せている。3000

メートル滑走路のすぐ先にはコバルトブルーの海が延々と続き太陽の光を青く反射している。

「いやあ、満足、満足、大満足」とご満悦の気分に浸っていたのもここまでで、この先は惨めな思いにさせられた。

那覇国際空港は1日に300回以上の発着便がある国内第4位の空港でひっきりなしに旅客機が飛んでくる。旅客機はレーダー誘導で上空に整列させられ順番に着陸指示を出される。空港が忙しい時は離陸機を含め5分に1回程度の割りで発着便の運行が行われているという。とても有視界飛行でやって来る小型機を着陸させる余裕などない。

ではどうやって着陸するのか。副操縦士に方法を教わると旅客機の邪魔にならないようにいったん海上に出て高度を300メートルの低空に下げる。そして滑走路と上空のようすを眺めながらゆっくりと旋回する。旋回しながら飛来する旅客機が途切れ、管制官から着陸の指示がくるのをじっと待つのだ。管制官から着陸の許可が出たとしても離発する大型旅客機のすぐあとの着陸は神経を使う。ウェイク・タービュランス（後方乱気流）に巻き込まれ滑走路にたたきつけられるからだ。

管制官の誘導にしたがって無事に着陸、指示された駐機場にマリブを止めると大きな溜息が出た。せっかく高性能で計器飛行ができるマリブに乗っていながら海面をはうような低空を有視界飛行で飛んでいる。こんな飛び方はつくづく嫌だと思った。

計器飛行免許にチャレンジ

沖縄から帰って冷静に考えてみた。

――これからは副操縦士もいない。一人で有視界飛行をすることになる。このままでは自由に遠くへ飛ぶことができない――

有視界飛行で一番危険なのはほかの飛行機だ。時速300キロ以上で飛んでいれば近くにいる飛行機を発見して「危ない！」と気がついたときは、もう手遅れで回避動作をする時間的な余裕はない。これはアメリカでの訓練飛行でも何度か経験している。セスナのような遅い飛行機でも「あっ」と思った瞬間に頭のすぐ上を他機が通りすぎて行ったことがある。目で見つけてからよけるのは不可能に近い。安全に飛ぶには管制官にレーダーで見てもらって他機から間隔を取ってもらえる計器飛行がいい。

もう一つ厄介なのが日本の地形だ。山間部が多く天候が変わりやすい。晴天だからと飛び立っても山一つ越えると黒雲が垂れ込め吹雪いている。それを見たら引き返さなければならない。マリブの性能なら計器飛行で荒天の中でも突っ込んで行けるが、いまの自分にはそれもできない。

ほかにも……、いや、グズグズ考えていても仕方がない。こうなったら計器飛行の免許を取るしかないだろう。幸い計器飛行の訓練に使えるマリブを持っている。あとは教官を頼んで指導してもらえばいい。すぐに始めよう。そう決断し行動を起こした。

結局、計器飛行の免許取得までには1年以上を要した。計器飛行免許は正式には「計器飛行証明」と言い操縦士の資格に付加される技術証明書のことだ。取得するには学科試験と口頭試験及び実技試験にパスしなければならない。受験するパイロットたちは学科試験にパスしても口頭&実技試験で落とされる。飛行中に起こるあらゆるアクシデントの中から質問が飛び出してくるからどんなことを聞かれるのか見当もつかない。「それだけ飛行機の操縦は何が起こるかわからない危険なものなんだよ」という戒めを込めた試験なのだろう。

ところで、一般の人は飛行機の操縦を車の運転の延長線上にあるちょっと高度なテクニックと想像するかもしれないが、まったく別の世界で奥が深い。忘れてはならないのは、飛行中は常に空中に浮いている状態にあることだ。飛行距離を計算するにも地上を車で走るようにはいかない。かりに目的地まで１００キロの距離を時速１００キロで飛んだとしても時速50キロの向かい風が吹いていれば1時間飛んでも地表の移動距離は50キロでしかない。燃料の計算を間違えれば墜落する。車のようにガス欠で一時停止することはできない。近くに適切な飛行場がなければ墜落する。

風の向きも一定ではなくあらゆる方向から吹いてくる。地上では横風しか感じることがないが、上空では上から吹きつける下降気流、下から巻き上げる上昇気流、進行方向の前方右なため上から吹きつける風、後方左下から吹き上げる風など３６０度３次元のあらゆる方向から吹いてくる。そして機体が高速で移動していることもあって風の流れは常に変化する。それに合わせて機体の姿勢をコントロールしなければならない。風が前方斜め上から吹いていれば機首を進行方向より少し横にずらし機体を斜めに傾けて横っ飛びするように飛ぶこともある。機首をまっすぐ進行方向に向け水平に飛べるのはよほど気流が安定しているときに限られる。風に加え上空では積乱雲などあらゆるタイプの雲がある。積乱雲は悪魔のような存在で遭遇すると計器飛行でも逃げるのが基本だ。高度を上げて雲の上に出る、左右に雲の切れ間を見つけてよける、下降して雲の下を通る。避けられない場合には突入してもできるだけ早く抜け出すようにする。

高度が高くなれば気温も急激に下がるので水蒸気がプロペラにアイシング（着氷）し

て失速する。エンジンの気化器や空気取り入れ口に着氷しても同じく失速する。翼に着氷しても飛べなくなる。風もあらゆる方向から変化に富んだ吹き方をするので操縦が困難になる。強力な乱気流が発生している場合もあり、吸い込まれると鳴門の渦に放り込まれたように翻弄され機体がバラバラに分解しかねない。これは大げさな話ではない。雲を甘く見ていると死の恐怖と直面するような危険な目に合うのだ。

黒い積乱雲

２０１０年5月のことだった。連休を利用して沖縄の石垣島までバカンス飛行を楽しむことにした。一緒に行くのは友人夫婦と家内を入れて４人。同乗者も多く安全確保のため余裕をもった飛行計画（フライトプラン）を立てた。

東京から九州の宮崎空港まで約３時間かけて飛び、ここで１時間の休憩を取り給油もする。次に沖縄の那覇国際空港まで３時間の飛行。那覇でも１時間の休憩と給油をする。それから目的地の石垣島空港へ１時間30分かけて飛ぶ。合計で10時間近くかかるが操縦する疲れも少なく燃料も余裕をもって飛べる。みんなに上空からの景色をゆっくり楽しんでもらいのんびり行くことにした。

出発の日、空は青く晴れ渡り5月の爽やかな風が吹いていた。朝8時に集合して全員マリブに乗り込んだ。埼玉の飛行場を離陸するとみんな眼下の景色を眺めて「わーっ、すごい」と歓声を上げていい雰囲気だ。それぞれに空の旅を楽しんでいるようだ。飛行はプランどおり順調に進み、宮崎空港で給油と休憩のあと那覇国際空港へ向けて再び飛び立った。

やがてコバルトブルーの海に浮かぶ沖縄本島が見え那覇国際空港が近づいてきた。あのくやしい思いをした着陸の始まりだ。今度は計器飛行を使いほかの旅客機と同列で着陸できる。レーダーを見ると旅客機が一列に並んで空港へ降下するルートを飛んでいる。無線を那覇国際空港の周波数に合わせて管制官に連絡するとファイナルアプローチまで、自機の最高速度で飛ぶように指示を受けた。

プロペラ機と大型のジェット機ではまったくスピードが違うので、ジェット機のファイナルアプローチで減速した遅いスピードと私の機体の最高速度がほぼ同じなのだ。私にとっては最高スピードのまま滑走路に向かって行くことになる。計器飛行の訓練ではゆっくりと同じ速度、同じ降下率でアプローチすることが求められる。少しでもスピードをオーバーすれば合格できない。あの訓練はいったいなんだったのか。訓練を基礎にして実際の国際空港に降りることは、ここまで応用力が求められるのかと思った。

それでも時速300キロにスピードを上げ列に並んだ。着陸許可が出たところで一気に降下しながらスポイラー（スピードブレーキ）をオンにし、車輪を出した。あらゆる手立てを使って空気抵抗を大きくして減速、なんとか無事に着陸した。これで混雑する国際空港に着陸するときのコツを一つ覚えた。

緊張の着陸を終えほっとひと息。休憩を取り給油を済ませたあと石垣島へ向かった。飛行距離は約400キロ、追い風もあり1時間たらずで石垣島空港が見えてきた。上空からの眺めでは那覇空港にくらべてのんびりしたローカル空港の雰囲気が漂っていた。管制官にコンタクトするとすぐ着陸許可が出てすべてがスムーズに運んだ。計器飛行の免許を取ってから初めての遠出だが、このままいけば帰りも楽勝だ。緊張感が全身から抜けていくのがわかった。

石垣島に3泊したあと、同行した友人夫婦は仕事の都合で1日早く旅客機に乗って先に帰った。久しぶりに夫婦二人きりになり気分はさらにリラックスした。友人夫婦を見送った足でそのまま石垣空港から宮古島まで飛び、一度は行ってみたかった海岸沿いのゴルフ場でプレーすることにした。こんなとき飛行機での移動は小回りがきき便利だ。約30分で宮古島に着き1日たっぷり楽しむ時間がある。宮古島に着くと操縦のことなどすっかり忘れて実にのんびりと過ごした。

翌朝、目覚めてすぐに空を眺めた。宮古島の上空は青く澄んで風もない。フライトにはもってこいの天候だ。天気図を見ると沖縄から九州、四国までは快晴で、近畿地方から雨雲がかかり関東地方は曇りとなっている。この程度の雲なら回避できるだろうと予測したが、念のため先に帰った友人に電話してみた。東京にはきのう着いているはずだ。早朝にもかかわらず友人はすぐに出た。

「天気図だと曇りになっているけど飛べそうかな」

「大丈夫だ。雨は降ってないし曇っているけど雲はないよ。大丈夫だよ」

「ありがとう」

寝ぼけ声なのですぐに電話を切った。この時「大丈夫だ」という声の響きだけが妙に心に残った。その後に続く「曇っているけど雲はない」という不自然な日本語についてはは気にもとめなかった。自分が快晴の宮古島にいるため周りの空気にのまれ変な錯覚を起こしたのかもしれない。ためらうことなく宮古島空港を飛び立ち那覇国際空港で給油をして、そのまま東京まで直行する飛行コースを選んだ。

沖縄から九州まで雲一つない快晴が続き風もない。言わばベタ凪の状態でカタリとも揺れない。あまりの平和さについ居眠りをしそうになる。景色を見るのも飽きたし退屈しのぎに家内に操縦の練習をさせて時間を過ごした。ようやく四国沖に差しかかり太平洋に大きく突き出た室戸岬がみえてきた。

相変わらずの快晴で海面に反射する太陽の光がまぶしい。だが遠くに視線を移すと遥か彼方に黒く細長い線がたなびいているのが見えた。いったい何なのか見当もつかない。

黒い線に向って30分ほど飛んでみたが線が少し太くなった程度で、その正体ははっきりしない。何かの気象現象か蜃気楼みたいなものじゃないか。高をくってそのまま飛び続けると、30分もしないうちに黒い線が急激に太くなり巨大な雲の壁となって立ちはだかった。

「これは前線の雲じゃないか」

思わずつぶやいた。操縦訓練の学科では習ったが実際に遭遇するのは初めてだった。北から降りてきた寒気団と南からの暖気団がぶつかって前線の雲を発生させている。雲の中は気温、風向き、風速が急激に変化している。このため不連続線とも言われる危険な雲だ。

雲の壁はどんどん近づいてくる。左右か上下に避けようとしたがスケールが大きすぎてどこにも雲の切れ間が見えない。旋回して引き返すこともできたが、レーダーを見るといくつか雲の薄い部分が映し出されている。ここなら大丈夫だろうと無謀にも飛び込んだ。判断ミスだった。とたんにもみくちゃにされ激しい揺れで操縦桿を持っていることともできなくなった。あまり強く握ると負荷がかかりすぎて翼が折れてしまう。あたりはまっ暗で何も見えない。雷探知機までが鳴りだしジリジリと機体に帯電する不気味な音が聞こえた。

「落ち着け」「冷静になれ」自分に言い聞かせた。ガタガタと揺れる操縦桿にそっと手を添え、訓練で教えられたとおりにスピードを落とし計器類を見ながらゆっくりと姿勢を立て直しレーダーを見ながら雲の薄い部分を目がけて懸命に飛んだ。もう必死だった。早く悪魔のような雲から抜け出そうとあせって飛行コースから大きく外れてしまったようだ。いきなり管制官から無線が入り「どこを飛んでいるのか、早くコースに戻りなさい」と指示された。

こちらはそれどころではない。激しい揺れが続き操縦桿を放すことができない。無線の応答スイッチをオンにする余裕などない。やっとの思いでスイッチをオンにしたが「コース、戻す、無理、です」と途切れ途切れに答えるのが精一杯だった。揺れによる機内の「ガシャ」「ガタガタ」という音が管制官にも聞こえたらしい。

無線機から「そちらの状況はわかりました。こちらのレーダーには周囲にほかの機体は映っていません。衝突の危険はありませんからそのまま飛んで雲から出たら連絡ください。気をつけて、頑張ってください」と励ましの声が流れてきた。

その言葉に勇気づけられたが、あせりは最高潮に達し「機体はもつのか」「生きて帰れるのか」と頭の中で絶望的な言葉がぐるぐると回っていた。家内も同乗している。頑張らなくてはならない。わかってはいるが気力が後退し操縦桿を握る手に力が入らなくなってきた。一瞬、過去に聞いた墜落事故の話が脳裏を矢のように通りすぎていった。前線の雲に巻き込まれたパイロットがどうやっても抜け出すことができず、精も根もつき果てて操縦をあきらめ機体と一緒に墜落して命を絶ったという話だ。そのパイロットの気持ちがわかる自分が怖かった。

「あきらめたらいけない」何度も何度も自分に言い聞かせ奮い立たせるようにして操縦桿を握り全神経を集中した。すると強力な下降気流が襲ってきて大きく揺さぶられ急速に降下していった。このままでは地面にたたきつけられる。危ないと感じた瞬間、ポーンとあっ気なく雲の下に抜け出た。安堵感で全身の力が抜けた。だがまだ安心はできない。振り返ると抜け出たばかりのまがまがしい黒雲が上空高くそそり立っている。よくあんな危険な雲から生きて出られたものだと身震いしながら下を見ると、分厚い別の雲が地表を覆い隠している。雲は上層と下層の二層になっていた。悪天候の中を飛んでいることに変わりはない。幸い激しい乱気流を巻き起こす黒雲からは抜け出した。機体のコントロールを取り戻せたので現在位置を確認して予定の飛行コースに戻った。

高度計を見ると1200フィートを指している。そろそろ埼玉の飛行場が近いはずだが雲に邪魔されてよく見えない。先に帰った友人の「くもっているけど雲はない」という変な情報はなんだったんだろうと疑問に思った。レーダーを見ると高度600フィートあたりを飛行している機影が映った。これほどの低空を飛んでいるのは有視界飛行に決まっている。600フィートまで降下すれば着陸できると直感した。さっそく横田基地の管制官に連絡して一度だけ600フィートまで降下してようすを探らせてくれと頼んだ。それでも視界が悪ければすぐに800フィートまで高度を上げると約束した。すると許可が下りた。

よどんだ雲の中を恐る恐る高度を下げていくと600フィートちょうどでパッと視界が開け地表のすべてが見渡せた。「うわあぁ、やった」こんなに嬉しい気持ちになったのは初めてだった。管制官に「ありがとうございました」と感謝の言葉を伝えて無事、着陸に成功した。

滑走路の端にマリブを止め地上に降り立つと全身の力が抜けその場に座り込んだ。しばらくは虚脱状態で話すことも歩くこともできなかった。全神経を集中して、全体力と全精力を使い果たした抜け殻だった。そんなボロボロの体にまとわりつくような湿った風が吹きつけてきた。あの前線の黒雲から吹いてくる下降気流なのかな……。上空を見上げてやっと立ち上がった。

第2章

さらなる高みを目指して

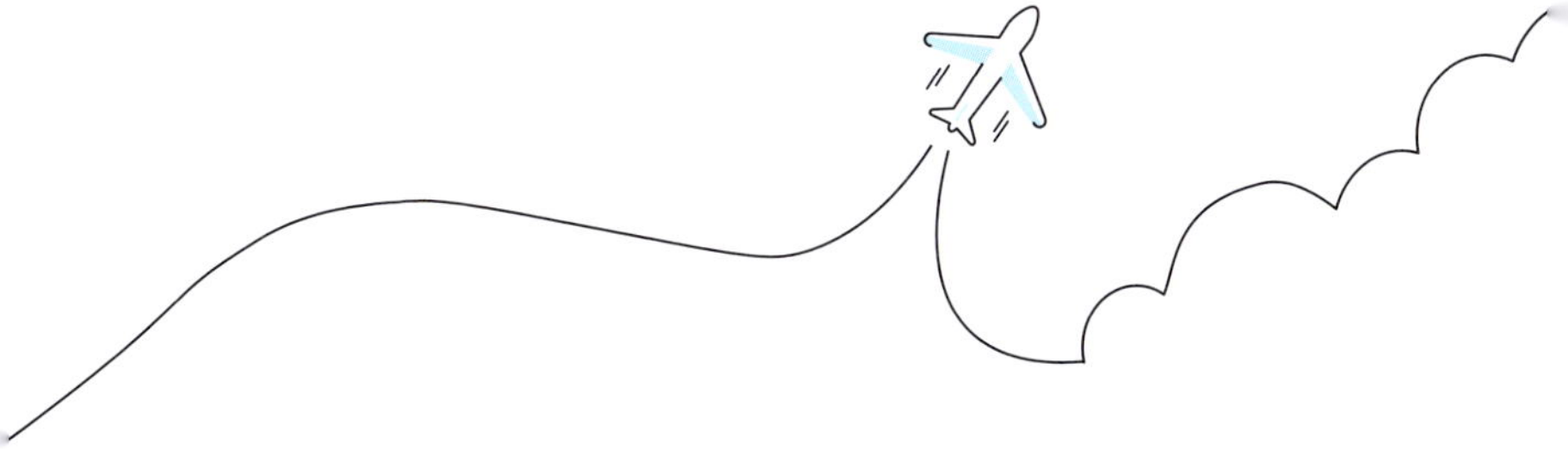

日本の空から世界の空へ

沖縄からの帰りにあれほど痛い目にあっても操縦に対する意欲は衰えることはなかった。いや、衰えるどころかもっと遠くに飛んでみたいという気持ちが強くなった。ただし事故を防ぐことの貴重な教訓を授かったことは確かだ。どんな場面に遭遇しても冷静に対処し過信はいけない。１００パーセント安全だと自信が持てない限り飛ばないと誓った。

一番肝に銘じておかなければならないのが「思い込み」だろう。大型旅客機でもパイロットエラーと言われる思い込みによる事故が発生している。よくあるのが操作スイッチを誤って使った例だ。航空機は性能が上がるほど計器や操作スイッチが多くなる。誰でも旅客機のコックピットを雑誌などで見たことがあると思うが計器や操作スイッチでぎっしりだ。これでは思い込みで操作を誤るのも仕方がない。だが飛行機にはそれが許されない。即、命取りになるからだ。

有名な思い込み事故が全日空のボーイング７３７の「ドアスイッチ」と「方向舵スイッチ」を間違えた例だ。２つのスイッチは同じ色と形で横に並んでいる。コクピットのドアの開閉は操縦席から操作して外からは開けられないようになっている。トイレに行った機長が操縦室に戻る際、副操縦士が方向舵スイッチをドアスイッチと思い込み一気に「開く」の左に回した。上空1万2000メートルを飛行していた機体は、方向舵が左に急に回されたため急激に左に傾き1900メートルを急降下しながら背面飛行になった。ミスに気づいた副操縦士がスイッチを戻し機体を立て直すまで約30秒間、逆さまの状態で飛んだ。幸いミスを起こしたのは夜の10時50分ごろで、乗客全員がシートベルトを着用していたため座席から放り出されずに済んだ。ケガ人は女性客室乗務員の2人だけだったが、一つ間違えれば乗員乗客117人が全員死亡の恐怖がつきまとう嫌な話だ。

事故はメカトラブルで起こるのではなく操縦者のミスが招くものだ。石橋をたたいても渡らないくらいの用心さがあれば未然に防げる。安全への決意を新たにしマリブを駆って日本中の空を飛び回った。さらに国際的な飛行クラブにも所属して遠く海外へも足を伸ばした。

海外の空港を使用する場合は国内と違って複雑な手続きがともなう。フライトプランの提出、滑走路の使用予約、駐機場の確保、燃料給油の手配、パスポートコントロール(出入国審査)など煩雑すぎて個人ではこなしきれない。そんなことに気をつかっていたら肝心の操縦がおろそかになる。気が散って思い込みの事故を起こす危険もある。

これまで海外に飛ぶ場合は、所属した飛行クラブの事務局がすべて手配してくれ安心して空の旅を楽しむことができた。事務局のおかげで韓国、台湾、東南アジアの国々まで足を伸ばしたがもっと遠い国まで行ってみたかった。そんな夢をかなえるような不思議な出会いがあった。

事の起こりは友人からの1本の電話から始まった。

「名古屋空港に世界一周飛行ツアーの連中が来ていて、故障を直すのに苦労しているんだ。いい整備士を紹介してくれないか」

彼の話を整理すると次のようになる。

――アメリカにエアジャーニー社という自家用機専門のツアー会社がある。その会社が主催する世界一周ツアーに7機の自家用機が参加。経由地の名古屋まで来たが、そのうちの2機に計器トラブルがあった。交換に必要な計器はすでに届いているが空港の整備工場に頼んだところ30万円くらいかかると言われた。そんな高額は参加時に払った保険ではまかないきれない。2機のうち1機はマリブ・ミラージュだから知り合いの整備士に安く頼めないか――

確かに計器の交換なら10分か15分で終わる。それに30万かかることは日本の航空機産業の常識になっている。正規のルートではどこに頼んでも同じような料金を取られるだろう。日本では普通に言われる金額だが、外国人にはとんでもない金額に感じるだろう。外国ならせいぜい数万円だと思う。

「事情はわかった。心当たりの整備士がいるから聞いてみる。いつまでに直せばいいんだ」

「一緒に飛んできたほかのメンバーは先に発っちゃったんだよ。早いほうがいい。あしたにでも」

「えっ、あした」と言いかけて「わかった。折り返しかけるよ」と伝え電話を切った。

その場ですぐに顔なじみの整備士に連絡をした。彼ならやってくれるだろう。飛行機が大好きで整備士になった男だ。いつかは自分の飛行機を持って操縦したいと夢を描いているが、まだ経済的に余裕もなく実現できていない。だから飛びたくって仕方がないのだ。

名古屋まで一緒に飛んで修理しないかと持ちかければ大喜びで乗ってくるはずだ。こちらも世界一周ツアーに興味がある。世界一周旅行の参加者に直接話を聞いてみたい。整備士に電話をかけると二つ返事でＯＫが出た。部品交換のアルバイト料は５万円でいいと言う。

話が決まったところで友人に連絡すると、もう1機はフランスのソカタ社製ＴＢＭ８５０だとわかった。ＴＢＭ８５０はジェット機なみの性能を誇りプロペラ機の王様と言われる。航空図鑑で確認するとジェットエンジンと同じ構造の８５０馬力ターボプロップエンジンを積み、高度約1万メートルを最高時速６００キロで飛ぶ。航続距離は３０００キロだ。残念ながらこの時点で日本での所有者は一人もいない。こんなすごいヤツでも直せるのか整備士に確かめてみると、修理ではなく計器交換なら問題ないとの答えだった。翌朝、二人で名古屋に向かった。

名古屋での交換作業はあっと言う間に終わった。1機10分もかからなかったようだ。マリブとＴＢＭ８５０のオーナーにお礼を言われ機体のそばで立ち話をした。二人ともアメリカ人らしい。まず、疑問に思ったのがマリブとＴＢＭ８５０では性能がまるで違う。一緒に行動して世界一周するのは無理ではないか。また補給する燃料もマリブはレシプロエンジンでガソリン。一方のＴＢＭ８５０はターボプロップエンジンでジェット燃料が必要だ。その手配だけでも手間がかかる。そのうえ飛行の高度、速度、ルートも違ってくるから一緒に飛べるはずがない。

念のためフライトプランを見せてもらった。驚いたことに機体の性能に合わせて飛行高度など別々のプランが細かく記入されている。これだけでも大変な作業だが、給油の手配からパスポートコントロール、ホテルの予約まですべてをエアジャーニー社がやってくれるという。さらに訪れる場所の観光ツアーも手配してくれ至れり尽くせりだ。

ツアー参加者の日本での行動は名古屋空港に着陸後、駐機、給油、パスポートコントロールをすべてまかせホテルにチェックイン。荷物をほどくとすぐに大相撲名古屋場所を見学。翌日は新幹線で京都に移動して市内観光のあと祇園で舞妓さんと一緒に食事をする芸者遊びまでセッティングされていると言う。

世の中にはすごいツアーがあるものだと感心しぜひ参加してみたいと願った。世界一周ツアーは約2カ月かかるそうだから周到な準備をしておかなければならない。2カ月間も日本を留守にできるだろうか、じっくり考えてみることにした。

失われた愛機マリブ

2011年の2月、飛行クラブが企画したフィリピン飛行ツアーに参加した。いつものように楽しいバカンスになった。南国の太陽を浴びエメラルドグリーンに輝く海上を飛び回って操縦の醍醐味を思う存分味わった。滞在予定の3日間はまたたく間にすぎていき、帰国のためマニラのニノイ・アキノ国際空港から飛び立った。ゴチャゴチャとビルや家が密集するマニラ市街をかすめてルソン島の上空をまっすぐ北に抜けるルートを通った。

マニラの市街地を飛び越えるとジャングルに覆われた緑の大地が果てしなく続いていた。上空８０００メートルからの眺めはジャングル以外に何も見えない。１時間ほど飛行して太平洋に出たあたりでエンジンの不調を感じた。大騒ぎするほどの故障ではないがスロットルをいっぱいにしても思ったほどスピードが出ない。無理にスピードを上げずのんびり行くことにした。

その後、大きな支障もなく無事、東京に帰ってきた。気がかりなのはどうやってもフルパワーが出ないことだった。さっそくいつもの整備工場で見てもらったが、整備のあとテスト飛行をすると直っていない。やはりスピードが出ないのだ。エンジン音も絶好調のときとどこか違う。何度も整備を重ねて２カ月近くたったたが、行きつけの整備工場では結果が出せなかった。

３月に入って一度、仙台空港にある整備工場に出してみることにした。その１週間後の３月９日、工場から電話が入った。

「トラブルの原因がわかりました。完璧に直しましたから安心してください」

「よかった。ありがとう。今度の日曜日、13日なら取りに行ける。それまで預かってほしい」

「わかりました」

やれやれ、これで心おきなく飛べる。ほっとひと息ついた。安心しきった2日後の3月11日、東日本大震災が東北地方を襲った。仙台空港も津波にのまれ甚大な被害を被っている。マリブはどうなったか……。

未曾有の大災害は福島の原発事故、東北沿岸の町々の破壊、多くの人命を奪っていった。テレビでは被害のようすが次々にレポートされたが、そのなかで飛行機乗りにとっては気がかりな報道があった。テレビでは簡単に「地震の影響で成田空港と羽田空港が閉鎖になりました」と告げただけだったが、空港の閉鎖は、実際は大問題だった。

旅客機は目的地までギリギリの燃料で飛んでくることが多い。もし着陸を拒否されれば最悪の場合多くの乗客を乗せたまま墜落の危険もある。成田空港には忙しいときで3分おきに到着便がやってくる。へたをすると上空で多くの旅客機が路頭に迷うことになる。空の上で路頭とは妙な言い方になったが、まさしく路頭に迷うのだ。固唾《かたず》を飲んで見守っていると特に墜落事故のニュースも流れなかった。全機無事に着陸できたようだ。ああ、これでよかったと胸をなでおろしたが、その後、新聞報道で確かめると成田と羽田の上空では大混乱が起きていた。影響を受けたのは86機で、ほかの空港に緊急着陸している。主な内訳は関空21機、中部17機、新千歳14機などで全国13カ所に分散して着陸。そのうちアメリカ系航空会社の11機は在日米軍横田基地が受け入れた。

この時のようすをデルタ航空の機長がブログに書いている。

――太平洋を横断して東京から100マイル（160キロ）の地点で着陸の降下準備を始めるまでは順調なフライトだった。

トラブルの兆しは日本の管制塔が待機経路（着陸許可を待つ周回飛行）の指示を出したときに感じた。よくある混雑とは明らかにようすが違う。日本の管制官の不安レベルはかなり高いようで、待機がいつまで続くかわからないと伝えてきた。10分もたたないうちにエア・カナダ、アメリカン航空、ユナイテッド航空の機長たちがほかの空港へのコース変更をリクエストし始めた。全機が最低限の燃料しかないと主張している。やがて管制塔が成田空港は被害を受けたためしばらく再開できないと知らせてきた。各機はすぐに羽田への着陸を要請し6機ほどがそちらへ向かっていた。ところが管制塔が羽田も閉鎖したと伝えてきた。もはやここで待機している場合ではない。さらに遠方の大阪や名古屋も考えなくてはならない。そこへさらに多くの旅客機が西からも東からもやってきて渋滞し、全機がこぞって着陸を待っている状況になった。何機かは燃料の危機を必死で伝えている。その迫力に管制塔は圧倒されている。大混乱の中、名古屋空港から着陸許可が下りた。燃料はまだ大丈夫だ、なんとかなる。数分ほど名古屋に向かって飛んだところで、管制塔から引き返せとの命令がきた。名古屋も飽和状態でこれ以上は引き受けられないと言う。さらに大阪も同じ状態だった。

もっと遠方へ飛ぶ可能性が高くなり燃料はギリギリの状況に陥った。周囲には燃料危機になった10数機が飛んでいる。全機がどこかに着陸許可を出してくれと管制官を脅している。そのうちエア・カナダともう1機が燃料状況「緊急」となり、軍の基地に向かい始めた。東京に一番近いのは横田基地である。競うように全機がそれに参加した。だが横田から返ってきた回答は「閉鎖」。スペースがないと言う。

こうなるとコックピット内は、さながらスリリングなサーカスとでも言うべきだろうか。副操縦士は無線にかじりつき、私は判断を下しながら操縦、交代要員の操縦士は航路図に埋もれながら、本社のあるアトランタから送られてくるメッセージとにらめっこしている。アトランタから北海道の千歳空港まで飛べるなら、千歳に行けとの指示が入った。近くを飛んでいたデルタ航空機すべてが千歳に向かった。千歳が近づき札幌管制塔に連絡すると「待機」を命令された。悪夢である。状況は急速に悪化していく。東京上空で待機したあと名古屋へコース変更、また東京へ、そしてさらに千歳へ。十分だったはずの燃料はどんどん蒸発していく。

「札幌管制塔へ　デルタ××便、至急千歳空港への着陸を要請します。燃料の残量は少なく、これ以上待機できません」

「拒否します。現在混雑中です」

「札幌管制塔へ　デルタ××便、緊急着陸を宣言します。燃料が最低残量、千歳に直接入ります」

「了解、デルタ××便。千歳に向かうことを許可します。千歳の管制官と連絡を……」

もうたくさんだった。連絡すれば同じ待機パターンを指示される。もう燃料がほとんどない。管制官に着陸を伝えると許可を待たず強引に滑走路に突っ込んだ――


空港閉鎖の危機に直面したパイロットたちのあせりが痛いほど伝わってくる。全機無事でなによりだった。

気になるマリブのことだが地震の翌日、念のため整備工場に電話をかけてみたが当然つながらなかった。現地は大混乱していることがわかっている。無理に問い合わせるのを控えた。すべてのものが破壊され多くの尊い命が失われている。整備士たちの安否が気がかりだった。みんな無事でいてくれることを願った。

地震から1週間後、整備工場の方から電話をかけてきた。開口一番「すいません、すいません」と謝罪の連続だった。お客さんから預かった大事な飛行機を傷つけたことに重大な責任を感じているようだった。「あやまらなくていいから」となだめて状況を説明してくれるように頼んだ。

「最初の揺れが襲ってきたときみんなで格納庫にある機体同士がぶつからないように翼を押さえていました。揺れが治まったと思ったら今度は津波が襲ってきて、誰かがヤバイ、ヤバイ、津波だ逃げろと叫んで、みんな逃げ出したんです。飛行機はすべて津波に流され壊れてしまいました。すいません」

「そんなあやまらなくていいですよ。それよりみなさん無事でよかった。近いうちにマリブを見に行きます。それまでよろしくお願いします」

相手に礼を尽くし電話を切った。

交通網が遮断されていたため仙台に行けたのは1カ月後になった。通行できるルートを確認し幹線道路を北上するにつれて景観が変わりだした。あわただしくトラックが行き交いぽつんぽつんと倒壊した建物が目につくようになった。そのうちに瓦礫《がれき》があちらこちらに山積みにされたままの惨憺たる状況が目に飛び込んできた。みんなやられてしまった。復興までには気の遠くなるような時間がかかることだろう。ちょうど北国は桜の季節を迎えていた。瓦礫の中、ところどころに津波に負けなかった桜が立っている。ひらひらと舞う桜の花びらと破壊されつくした町のコントラストが心に染みた。

整備工場に着くと整備員が駆け寄ってきて「こちらです」と案内してくれた。マリブは滑走路の端まで津波に流されそのまま放置されていた。遠目にはしっかりと自分の脚で立ち「さあ、飛びましょう」と誘いかけているかのように見えた。「おっ、元気そうじゃないか」と胸が熱くなり小走りで近づくとひどく痛めつけられているのがわかった。プロペラは曲がり、あちらこちらにぶつかってへこんだ跡がある。機内に入ると天井まで海水に浸かったあとがあった。実に痛々しい。これではスクラップに出すしかない。手を合わせマリブと同じ運命をたどったこの地にあったすべてのもの、失われたすべての命に黙禱を捧げた。

夢のジェット機

マリブを失ったいま、後継機を探さなくてはならない。どうせ買うなら以前から憧れていたセスナ社のサイテーション・ムスタングがいい。ムスタングは尾翼の近くに2個のジェットエンジンを付けた小型機だ。6人乗りで最高時速マッハ0・6(760キロ)、高度1万3000メートルまで上昇でき航続距離は2000キロだ。

震災後、マリブの事後処理に追われ季節は夏をすぎ秋が深まっていた。11月末、日本にあるセスナ社の正規代理店の社員を呼んで話を聞いてみた。

航空機部門の担当者はピカピカのカタログを取り出し説明を始めた。

「弊社は新造機しか扱っておりません。中古ではなく新品になりますからその分、お値段もお高くなります」

そう前置きして機体の値段とそれにかかる手数料を話し出した。新品なので機体の値段が高いのは理解できるが、手数料の高さに驚かされた。

「この手のジェット機はそれほど売れるものではありませんので、採算ベースを考慮しますとこの金額になります。会社の経営といいますか、運営していくにはどうしてもお支払いいただくことになります。どうかご了承をお願いします」

「わかりました。少し考えさせてください」

そう言って先方の言い分に理解を示したが、だからといって高額の手数料を自分が払わなければならない理由はない。なんとかならないものか。代理店の社員を帰したあといろいろ作戦を練ってみた。差し当たってセスナ社に直接問い合せてみるのがいいだろう。年の瀬であわただしい12月下旬、つたない英文だが事情を説明したメールをセスナ社に送りつけてみた。すると年が開けた2012年の1月中旬、セスナ社からていねいなメールが届いた。

――貴殿の申し出はよくわかります。当社としても手数料の問題は危惧しています。しかしながら新造機に関しましては代理店契約がありますので貴殿に直接販売することはできません。つきましては当社の中古機販売部門に1年物の非常に状態のいい機体があります。そちらなら代理店契約に抵触しないためお力になれます――

おお、やったじゃないか。中古と言っても1年しか乗ってないなら新品同様だ。問題ない。値段も日本で新造機を買うのにくらべて半値近で安い。これなら資金的にも実現可能だ。いま振り返ってみると為替レートが1ドル82円くらいだったことも幸いした。セスナ社からのメールで頭の中のコンピュータが一気に動きだした。

まずムスタングを買う。ジェット機の操縦免許を取る。世界一周飛行に参加する。名古屋で計器の交換をサポートしたとき、次の世界一周飛行は5月に出発すると聞いていた。あと4カ月しかない。その間にすべてクリアできるのか。疑問も残るがとにかく一つ一つ駒を進めてみよう。

それからというものセスナ社とのやり取り、エアジャーニー社への問い合わせ、飛行訓練スクールの下調べと英文のメールが飛び交いてんてこ舞いだった。そして2月中旬、セスナ社にある機体を見るため現地を訪れた。

異次元の乗り物

セスナ社があるのはアメリカ合衆国のどまん中カンザス州のウィチタだ。成田からシカゴを経由して14時間、ウィチタミッドコンチネント空港に到着した。家を出てから合計18時間近くかかった。セスナ社からのメールでは「ホテルを予約しておきます。ホテルからはシャトルバスが出ており間違えようがありませんから、それに乗って当社までご来社ください」と書いてあった。

ジェット機を買うのに迎えにも来ないとは、どういうことだと思っていたが、空港を出てみると間違えようがないことがわかった。空港から南半分が見渡す限りセスナ社の敷地で5、6棟の大きな組み立て工場があり、それぞれ違う航空機を生産していた。メールで指定されたホテルにチェックインして荷物を置くとシャトルバスに乗り込んで、たった一人でセスナ社に向かった。気持ち的には緊張と不安感が募っていた。セスナ社に着き、ためらいがちに受付の前に立つと女性がにこやかな笑顔で「なんのご用でしょうか?」と聞いてきた。その時の私の服装は、長旅のことゆえスニーカーにジーパン、ユニクロのフリースのジャケットというラフなスタイルだったので一瞬、言葉に詰まったが「なんの用って、ジェット機を買いに来たんだけど……」と答えたが通じない。

こちらの英語が悪いのか、ジーパンをはいた日本人がたった一人でジェット機を買いに来たということが理解を超えているのか、わかってもらえない。困り果てて周りを見回すと壁にかかったモニターパネルに来訪者のリストが映し出され自分の名前があった。「イッツミー!」と指差した。ようやく理解してくれ担当者に連絡すると奥の部屋から2人の人物が転がり出てきて歓迎してくれた。一人は副社長で、もう一人は販売担当者だった。

ランチでも食べながら話をしましょうということになり、社員食堂にでも行くのかと思ったら豪華なVIP用レストランに案内された。さすがセスナ社、専属のシェフが待機していてオーダーを取りにきた。3人ともステーキを注文してゆっくり食事をしたあとムスタングを見に行った。

セスナ社専用の滑走路脇に止められたムスタングは、冬の弱い日差しを受けてピカピカに光り輝いていた。機体はマリブを少し大きくしたくらいで違和感はない。近くにテストパイロットが待機していてすぐに試乗となった。

コックピットの機長席を勧められて座った。操縦席の正面中央には12インチの大きなモニターがある。カーナビと同じで飛行中はここに周囲の地形が示され、小さな飛行機マークを見ればどこを飛んでいるのかひと目でわかるようになっていた。ほかの計器類やスイッチもマリブとさほどかわりなく、すぐにでも操縦できる気になった。

ところがエンジンをかけゆっくりと滑走路に出て上空に舞い上がるとムスタングはまったく異次元の乗り物であることがわかった。あっと言う間に高度８０００フィートまで上昇、氷の上を滑るように滑空した。まるでフィギュアスケーターが華麗に舞っているような感じだ。スピード感、安定感、静かさ、揺れ、どれを取ってもいままでに体験したことがない素晴らしさだった。

視界や機内の環境も大きく違った。マリブは目の前でプロペラがブルブル回り見晴らしを邪魔していた。エンジン音もうるさく会話ができないほどで小刻みな振動が常に伝わってきた。そんなうっとうしいものがゼロだった。エンジン音もまったくと言っていいほど聞こえない。たぶんエンジンが機体の後方に付いているため、飛行中は音が後ろに流れ機内に届かないのだろう。静寂と言えるほどの静けさだ。30分ほど飛行したところで操縦を交代してくれた。基本的な操作はマリブと変わらないので戸惑うことはなかった。

ウィチタがあるカンザス州は合衆国で一番平坦な地形といわれ気流も安定している。スピードを320キロまで上げアメリカ人の住宅の上を豪快に飛び回った。旋回、上昇、急降下、ムスタングはこちらの思いどおりスムーズに大空を駆け巡った。無意識のうちに「わーおぅ」とため息のような声が漏れた。あまりの素晴らしさに興奮の極地に達していた。なるほどなるほど、昼食のときに副社長が「一度ジェット機に乗ったらプロペラ機には戻れないですよ」と言った本当の意味が理解できた。これは病みつきになる。約1時間が経過して予定の試乗時間が終了。帰還のため着陸態勢に入った。ここから先はまだ初心者だから操縦桿をテストパイロットに返して無事に着陸。セスナ社に戻ると正式に売買契約を交わした。

「機体を整備して輸出手続きの書類をそろえるのに1カ月はかかります」

「わかりました。3月初めに自分で取りにきます」

そう言って1カ月後に再びくる約束をした。日本への輸送はフリーパイロットに頼むとそれだけで1500万円かかる。どうせならエアジャーニー社の世界一周に参加し自分で操縦して持ってきた方がいい。実現するにはまず短期間でジェット免許を取らなければならない。これからが大変だ。

セスナ社を後にするとその足でフロリダにあるエアジャーニー社に向かった。世界一周に参加するにはメールではなく直接エアジャーニー社の社長に会って話をしておきたかった。いまのところの計画では3月にムスタングを受け取り、そのままアメリカで飛行訓練を受け、5月の世界一周出発までに免許を取る。ジェットコースターのような離れ業だが自分にはできると信じていた。

エアジャーニー社が本拠を置くジュピターの街はマイアミの北140キロに位置し発展目覚しい地方都市だ。ウィチタから国内線でパームビーチ空港まで約3時間かけて飛びそこから車で30分のところにある。地図を頼りに訪ねてみるとビルの一室の小さなオフィスに行き着いた。自家用機での世界一周旅行を仕切るくらいだから大会社をイメージしていたが、こぢんまりとした家族経営のような会社だった。常駐のスタッフも4、5名しかいない。ここから飛行に必要な気象データなどあらゆる情報を発信していると聞いて驚いた。

社長のテリー・プーリーさんはフランス系アメリカ人で気さくな人柄が見て取れた。50代で身長180センチほどの男前だ。世界一周では添乗員として同行し一切の面倒を見てくれる。さらにムスタングに同乗して副操縦士を務める約束もしてくれた。

こちらは操縦に専念でき世界の空の旅と名所旧跡の観光を楽しめる。それも観光事情を熟知したエアジャーニー社が設定する極上の穴場ばかりだ。期間は5月8日から7月12日まで約2カ月間。参加の意思を伝えるとキャンセル料は100パーセントかかると言われた。ちょっと待て、出発までに免許を取らなければ参加費がパーになる。そんな危ない橋は渡れないので申し込み期限の出発1カ月前まで返事を待ってもらうことにした。参加するには3月中に免許が必要になる。テリーさんに事情を話すと、その場で知り合いのフライトスクールを紹介すると言ってくれた。

エアジャーニー社で打ち合わせのあとテリーさんと一緒に車で2時間ほどのところにあるマイアミのフライトスクールを訪ねた。校長を紹介されいろいろ話を聞いた。世界一周に出発するまでムスタングを預かってくれ、訓練期間も短く設定して2週間ほどで免許が取れるようにすると好条件を出してくれた。だがどうも腑に落ちない点がある。一度ほかのフライトスクールと比較する必要があるだろう。答えを保留にして日本に帰ってからネットで調べることにした。

ジェット免許取得へ

帰国後、ネットでフライトスクールの情報を改めて集めてみた。広告などで一番有名なのがフライトセーフティ社だった。ここの特徴はシミュレーター訓練で実際には飛ばない。シミュレーター訓練では片方のエンジンが停止したとき、猛烈な乱気流に巻き込まれたときなどあらゆるアクシデントをバーチャルリアリティで仮想体験できる。試験の合格率も高く、いまや訓練の主流になっている。日本の航空会社の自社養成パイロットもアメリカでのシミュレーター訓練を受けさせている。

当初の予定ではムスタングを使って飛行訓練を受けるつもりでいたが、フライトセーフティ社のシミュレーター訓練とはどんなものなのか入学申込書をダウンロードしてみた。そこには訓練を受ける最低基準として総飛行時間1000時間以上、双発機の計器飛行免許を取得済みとなっている。訓練を受けるだけなのにこんな条件をつけられたら無理だ。総飛行時間は530時間しかないし双発機の計器飛行免許もアメリカのは持っていない。なんとか条件をゆるくしてもらえないかと問い合わせのメールを送った。返信メールには次のような内容が書かれていた。

——総飛行時間530時間でも補助パイロットの訓練なら受けられる。補助パイロットは副操縦席で機長のサポートをする免許である。これには2週間の訓練期間と230万円の費用がかかる。補助パイロットの試験に合格したら、さらに230万円かけて2週

間のシミュレーター訓練を受けこれをパスしたら15時間の訓練飛行をする。その後、機長の資格が取れる免許の試験を受けて合格すればジェット機の操縦ができる。ただし双発機の計器飛行免許は、当スクールに来る前に取得しておくこと――

お金も時間もかかりすぎて、いまの状況では無理だ。そう考えてさらにネットで探っていくとフロリダ州の航空免許試験官であり、ジェット機操縦の教官もしているジョンさんにたどり着いた。訓練期間は1週間、費用は180万円。さらにメールのやり取りをしていくうちに、こちらの事情を知って嬉しいサービスをつけてくれた。

ジョンさんが訓練飛行をする本拠地はフロリダ半島のほぼまん中にあるオーランド国際空港だ。本来ならばこちらでウィチタのセスナ社からオーランドまでムスタングを輸送しなければならない。免許がないから輸送パイロットを頼むと費用がかかる。そこでジョンさんがわざわざウィチタに来てオーランドまで操縦してくれると言う。ありがたいことだ。

アメリカの航空業界のシステムはよくわからないが、試験官がフライトスクールの教官をしていたり、免許一つ取るにしてもさまざまなルートがある。費用も千差万別、あきらめずに探っていけばきっといい方法が見つかる。これもアメリカという国の懐の深さだろう。メールだけで面識はないがジョンさんを信用して訓練費用の全額を振り込んだ。

3月に入ってすぐセスナ社との約束どおりムスタングを受け取りに行った。ウィチタミッドコンチネント国際空港に到着したのは現地時間の3月3日午前10時だった。なか1日おいて5日にはジョンさんが迎えにきてくれる。前回宿泊したホテルに荷物を置き、勝手知ったるシャトルバスでセスナ社に向かった。車窓から見るウィチタの街は薄っすらと雪が残り街頭の温度計も30°Fを示している。日本で使う摂氏に直せばマイナス1℃くらいだ。セスナ社に着きバスを降りたとたん寒さを感じ持ってきた厚手のセーターを着込んだ。

オフィスで輸出手続きなど必要書類を受け取り、格納庫に案内されると整備担当者から「テストフライトをしないのか」と尋ねられた。特にそんな予定は組んでいない。整備担当者の話では、通常は購入したオーナーがテストフライトして問題点を指摘、それを直してから引き渡すと言う。なるほどと思ったが免許もないのでテストフライトができない。事情を説明すると費用はかかるがテストパイロットを紹介するので無理してでもやったほうがいいとアドバイスされた。飛行機については石橋を叩いてでも渡らない精神が大切だ。納得してテストフライトを頼んだ。

2時間ほど待って、テストパイロットが作成した整備指示書が届いた。「機体は大変いい状態にありおおむね問題なし」と前置きした上で、細かい問題点が20項目ほど箇条書きにされていた。「フロントガラスに小さな引っかき傷がある」「ドアの締まり具合がやや悪い」といったほとんど気がつかないようなことだ。

セスナ社の整備スタフは実によくやってくれた。2日間まるまるの徹夜作業になった。時差のある世界中から整備や修理の依頼がくるので24時間体制で対応にあたっているそうだ。言われてみれば地球の裏側でも自社製のジェット機が飛び回っている。緊急を要するケースもあるはずだ。夜だ朝だと言っていられない。迅速な対応をしてこそワールドワイドなビジネスが展開できるのだろう。それにしても大変な仕事だと感心させられた。完璧に整備が終わったのは5日の朝だった。

5日の深夜11時すぎ疲れ切った表情でジョンさんが現れた。5日は試験官として3件の操縦試験を担当し、その後オーランドから最終便に飛び乗ってやっとたどり着いたと言う。「よろしくお願いします」のあいさつもそこそこにして部屋に入った。明朝は7時に出発だ。

厳しい操縦訓練の現実

予定どおり朝7時にロビーに降りていくとジョンさんが待っていた。昨夜とは打って変わってはつらつとしている。熟睡したようだ。シャトルバスに乗り空港に着くとジョンさんがロビーに設置されたパソコンに向かって、「これから、きょうのフライトプランを入力するからよく見ておきなさい」と言った。どうも先生口調で、ここから訓練が始まっているようだ。

たぶんジョンさんは1週間で免許を取らせるために綿密な計画を立ててきたようだ。機会があればなんでも教えてしまおうという気迫が伝わってくる。これからはジョンさんの話すひと言ひと言に注意を払い全神経を集中して覚えなければならない。背筋がピンとして緊張が走った。

フライトプランの入力は、まず「Flight PLAN.com」というアメリカとカナダだけに有効なサイトを開く。そこに「機種」「機体番号」「出発地の空港」「目的地の空港」をインプットすると2、3の推奨コースが中継地点を含めて表示される。カーナビと同じだ。しかしこの先が大きく違った。推奨コースのほかに上空の風の向きと風速、飛行高度ごとの所要時間と燃料消費量が表示される。さらに「気象」をクリックすると雨雲レーダーがオーバーラップして雲の位置を示し、雲を避けての飛行が可能か判断できるようになっている。サイトの情報をもとにジョンさんはメキシコ湾に面したデスティンにあるデスティンフロリダ空港を中継地点にするコースを選んだ。「きょうは向かい風が強く燃料を食うので途中給油が必要になる」と説明しながら選定したコースと出発時刻を書き込み管制官に送信した。これでフライトプランの提出は完了。実に簡単で便利なシステムだ。

いよいよマイ・ムスタングに乗ってアメリカの空の旅を楽しむときがきた。この日のために買っておいたサングラスをかけて颯爽と機長席に乗り込んだ。副操縦席に座ったジョンさんの指示で管制官にコンタクト、離陸許可をもらいゆっくりと滑走路に出た。いったん停止してからスロットルをフルパワーに上げるとジェットエンジン独特のキーンという音が響き渡り心地いい。ブレーキをオフにするとスルスルと滑走路を走りだしふわりと浮き上がり1分間に900メートルの上昇スピードで上空に駆け上がっていく。ムスタングの申し分のない性能とパワーに魅了された。

「オーケー、グッドジョブ」ジョンさんはそう言うとコックピットの計器やスイッチについて早口で説明を始めた。水平飛行に移ったばかりなのに目の回るような忙しさだ。ジョンさんはこちらが完璧に英語が話せると思い込んでいるようだ。遠慮なく早口でまくし立てる。ついていくのがやっとだった。デスティンフロリダ空港に着陸するまでの1時間30分、一度も外の景色を眺めることなく計器やスイッチとにらめっこで操作方法を頭にたたき込んだ。

デスティンフロリダ空港に降り立つとジョンさんは職員に給油の指示を出し当然のように「食事に行くから車を貸してくれ」と言った。職員も素直に「オーケー、駐車場に止めてある黒のピックアップを使ってくれ」とキーを投げてよこした。見ず知らずの相手にそんなのありなのかと目を疑った。日本ではこうはいかないだろう。車を借りようとも借りられるとも思わない。空港からそそくさとタクシーに乗り込むのがおちだ。いい意味で文化の違いを感じた。これだからアメリカはいい。日本では地方の空港に颯爽と着陸してもほとんどが非常階段のような螺旋形をした狭い通路を使わなくてはならない。重いバッグを抱えて二度、三度と往復して汗だくでやっとタクシーに乗り込むといった経験の繰り返しだった。車をただで貸せとは言わないが、もう少しサービスに配慮してくれてもよさそうなものだ。

さて、ジョンさんと海岸沿いを車で10分ほど走りオシャレなレストランに入った。ここで気がついたが二人ともウィチタで着ていた厚手のセーターのままだった。たった1時間30分の移動で寒いウィチタから常夏のフロリダまで来てしまったからセーターを脱ぐのさえ忘れていた。ジェット機の性能の高さとスピードの速さに改めて感心させられた。周囲を見回すと輝く砂浜、青い海とリゾートの華やいだ雰囲気にあふれている。さすがにエメラルドコーストと呼ばれる観光地だ。レストランではビキニ姿の女の子や短パンの若者たちがビールを飲みながらワイワイ騒いでいる。それに引き換え東洋系と白人の二人のおやじがセーターを着込んだままハンバーガーにかじりつきコーラをがぶ飲みしながらひそひそ話をしている。

これはどう見ても異様な姿だ。南国の楽園に迷い込んだ怪しい二人……。意識の端では周囲の目が気になったが、そんなことにかまっていられない。食事の間もジョンさんの講義は続いていたのだ。これから1週間の訓練日程を細かく説明され、あまりのハードスケジュールにほおばったハンバーガーをなかなか飲みこめなかった。朝8時から教官とマンツーマンで学科と実技をたたき込まれ、さらに山積みの宿題を出される。ほとんど寝る時間がない。

自分から1週間で免許を取らせてくれと望んだこととは言え「ディフィカルト……」と思わず言葉がもれてしまった。するとジョンさんは不敵な笑みを浮かべ「それをやるためにあなたはアメリカに来たんでしょ」とクギを刺した。食事もそこそこにディスティンフロリダ空港に戻ると訓練の本拠地オーランド国際空港に向けて飛び立った。

オーランドは全米屈指の観光保養地として有名だ。ディズニーリゾートやユニバーサルリゾートなどいくつものテーマパークがある。離陸後、約1時間でオーランドの市街地と国際空港が見えてきた。そろそろ着陸の誘導コースに入るはずだが、先ほどまで熱心に講義をしていたジョンさんが黙りこくっている。そのうち管制官がものすごい勢いで怒鳴り始めた。オーランド国際空港には滑走路が4本もあり超忙しいのはわかっている。それにしても雰囲気がおかしい。管制官の怒鳴り声は早口すぎて聞き取れないが次第にヒステリックな叫び声に変わった。事故でも発生したのか。緊張して聞き耳を立てると「N510HW！」とこちらの機体番号を呼び出している。あわててジョンさんを見た。なんとぐっすりと眠っているではないか。どうりで返事がないわけだ。これはまずい。そっと肩を揺すって起こすとジョンさんは大あわてで管制官に応答、着陸態勢に入り滑らかにタッチダウンした。

ウィチタからオーランドまでの飛行中にジョンさんから教わったムスタングの基本的な操縦法を整理してみる。ジェット機は基本的に計器飛行で有視界飛行はほとんどしない。飛行中の操縦はオートパイロットにまかせる。まず離陸したら高度200メートルまで上昇してオートパイロットをオンにする。その後は着陸直前までオフにすることはない。

飛行方向の指示はヘディングボタンをくるくる回せば指定した角度で曲がる。ＶＳボタンを回せば上昇、下降の角度も決められる。さらにＦＬＳボタンを回せば上昇速度と下降速度が指示でき、時速３００キロで上昇するとか２００キロで下降するなど必要に応じてスピードが設定できる。したがってパイロットは操縦桿と方向舵ペダルを操作する必要はない。

目的地の空港が近づいたら着陸許可をもらいアプローチボタンを押すと誘導電波をとらえて自動的に降下を始める。着陸直前になると「ミニマ（最小限）」と音声で知らせてくるからオートパイロットをオフにしてその姿勢のまま着陸すればいい。飛行中の状況は計器やレーダーを見て判断し周囲の地形と飛んでいる位置は中央に設置されたモニターで確認する。モニターには機首の上げ下げ、傾斜角、気圧補正値、速度、高度、昇降率など飛行に必要な情報がすべて表示される。これらをチェックしていれば目視で外のようすを確認しなくていい。

実に簡単で優れた機能を備えている。まさに至れり尽くせりであるが「それを使えない時のことをやるのが訓練なんだよタナ～べさん」とさっそくアメリカ流の発音でジョンさんに脅かされた。

オーランド国際空港の駐機場にムスタングを止めると空港内にあるフライトスクール

に案内された。小さな会議室に通されしばらく待っているとジョンさんが「あしたから4、5日忙しいので、教官は彼が担当します」と別の教官を紹介された。

想定外のアクシデントに備える

訓練初日、朝8時にフライトスクールに行くと教官が待っていた。1日のスケジュールは8時～10時学科、10時～12時訓練飛行、12時～1時昼食、1時～2時学科、2時～5時訓練飛行になっている。

「それでは始めます」

教官はそう言うと分厚い教科書を渡し席に着くよう指示した。5、6人が座れる会議室のような小さな教室でマンツーマンの講義が始まった。教科書にはエンジンの構造、燃料系統、ブレーキシステムなどが専門用語を使ってびっしり書かれ600ページ以上ある。それを見ただけで愕然とした。まるで講義時間がたりない。どうやって教えるのだろう。教官は教科書を開くとだいたい1章ずつを駆け足で説明していく感じで、詳しくは自分で読んで覚えてくれと言う。なるほど。そういうわけか。学科はホテルに帰ってからの宿題だな。これは手厳しい。

学科のあと訓練飛行に入った。オートパイロットを使わず計器だけを見てあらゆる操縦法をマスターする。片側のエンジン停止、乱気流に突入、着陸に失敗など致命的なアクシデントに遭遇した場合の回復訓練もある。

ムスタングの操縦席に座り周囲の視界を遮るゴーグルを着けて離陸訓練から始まった。ゴーグルを着けると計器類は見えるが機外はまったく見えない。訓練中は着けたままになる。これは気象条件が悪く雲の中に入り、まわりがまったくみえない時のことを想定した訓練だ。この状態で上空の訓練空域に出るとパワー70パーセント、速度320キロ、高度1700メートルを維持しながら急旋回するテクニックを習った。

急旋回するには機体を大きく傾けなければならない。空気力学上、必然的に機体は下に傾けた方に落下していく。その動きを操縦桿と方向舵ペダルを操作して食い止め高度を維持する。プロペラ機でもやった訓練だが、ジェット機はスピードが速いため操作が難しく慣れるまで何回も繰り返した。

次に失速状態からの回復訓練だ。高度1700メートルで水平飛行中にエンジンのパワーを40パーセントに絞り込む。機体は推進力不足で次第にスピードが落ち空中に浮いていられなくなる。徐々に操縦桿を引いて機首を上げ40パーセントのパワーでもできるだけ長く空中に留まるよう操縦する。限界速度に落ちて計器の失速警報が鳴りだしたらフルスロットルにたたき込んでスピードを上げ、タイミングを見計らってオートパイロットをオンにする。この一連の回復動作を条件反射でできるようになるまでやらされた。

そのあと異常姿勢からの回復訓練に入った。ゴーグルを着けたまま目を閉じると教官が機体を上下左右に振り回し失速直前にして、目を開けさせ姿勢を立て直すように指示した。計器だけを見て瞬時に機体の状態を判断し正常な姿勢に戻さなければならい。体ごと振り回されいきなり目を開けたので平衡感覚は大混乱。ジェット機はスピードがでるのでコンマ1秒を争う。すぐに姿勢を正さないと墜落しかねない。

異常姿勢の恐ろしさは沖縄からの帰り前線の雨雲に巻き込まれて知っている。周囲はまっ暗で何も見えず機体の姿勢を保つには計器だけが頼りだった。これはぜひともマスターしなくてはならないテクニックだ。いまがチャンスだ。急旋回しながらの急降下、急上昇しながらまたもや急旋回と教官が演出するさまざまな異常姿勢に必死で食らいつき操縦桿を操った。

訓練はさらに続きオーランドの北にあるサンフォード空港を使っての着陸訓練に移った。サンフォード空港は4本の滑走路がありながら発着便も少なく着陸訓練にはもってこいだ。

着陸は空港によって、着陸を続行するか取りやめるかを判断する最低高度が決められている。最低高度まで降下しても雲が垂れ込めて滑走路が見えなかったり、風が強く危険な場合はパイロットの判断で着陸をやり直す。最低高度は空港によって違い、やり直しするための回避ルートも異なる。たとえば滑走路の右側に山があり左側が海の場合は、安全な海側に左旋回して高度を上げ滑走路の上空に戻って旋回しながら管制官からの次の指示を待つ。この一連の動作がスムーズにできなくてはならない。

サンフォード空港では教官から初めにオートパイロットを使った着陸の仕方を見せてもらった。空港に近づきアプローチをオンにすると誘導電波をとらえて寸分の狂いもなく降下していく。着陸態勢に入ってオートパイロットをオフにし最低高度に達したとき着陸の「やり直しボタン」を押した。するとモニターに回避ルートが表示され自動的にルートに沿って飛び空港の上空に引き返すと待機の旋回飛行を自動で始めた。上空で天候の回復を待つようなときパイロットは何もしなくても飛び続けてくれる。非常に便利で優れた機能だ。オートパイロットでの着陸を見せてもらったあとマニュアルでの厳しい訓練の再開となった。

教官は片方のエンジンが停止した状態で着陸訓練を行うと言い、いきなり右エンジンのパワーを最小限に絞った。右側のパワーを失った機体はバランスを崩し一気に右側に傾きだした。操縦桿と方向舵ペダルで姿勢を立て直し計器を見ると誘導電波よりも低い位置を飛んでいる。左のエンジンを吹かし高度を上げるとバランスを崩して右にカーブしながら上昇した。急いで姿勢を修正しうまく誘導電波に乗ったが風が強くバランスをとるのが難しい。冷や汗タラリの連続だったがなんとか無事に着陸した。ほっとする暇もなくマニュアルでの着陸訓練が続行された。最低高度から空中で着陸をやり直すゴーアラウンド、着陸後に素早く離陸態勢に入り再度離陸するタッチアンドゴーなど想定される着陸方法を次々にたたき込まれる。

これだけの訓練を1日でやらされ、くたくたになってオーランド国際空港に引き返すと5時に訓練終了のはずが8時をすぎていた。オーランドは緯度が低く日没が遅い。まだ薄っすらと明るく訓練飛行が十分にできる。疲れた体には、この日の長さが無性に癪に障った。

また高度1万メートル以上を飛行する場合「RVSM（短縮垂直間隔）」という資格が必要になる。これはぜひとも取っておきたい資格なので教官に講義をしてくれるように頼んだが時間がないのでインターネットを使って自分で勉強してくれと言われた。

疲れきった足を引きずりホテルに帰るとさっそく「RVSM」の講義をネットで調べてみた。見つかった講義は199ドルでオンラインコースがあり試験も受けられる。さすがアメリカだ。実に便利で効率的なシステムが構築されている。

なにはともあれ今夜中に片付けなければならない。その場でオンラインコースを取得して勉強を始めた。講義内容は高空で必要になる装備や注意点などが主だった。2時間ほどで読破し頭にたたき込み試験を受けてみた。見事に合格、真夜中にもかかわらずメールで資格証明書が送られてきた。これをプリントアウトすれば完了である。ほっとすると疲れがどっと出て食事もとらずベッドに倒れ込んだ。

真夜中のイメージトレーニング

ジリジリジリー、ジリジリジリー、耳をつんざくような目覚ましの音でベッドから転げ落ちるようにして目が覚めた。寝坊したら大変とアラームの音量を最大にしたのがまずかったようだ。熟睡中を大音量でたたき起こされ一瞬、意識が遠くなりかけた。このままベッドに倒れ込めばもう起き上がれないだろう。急いでバスルームに駆け込みシャワーを浴びた。部屋に戻るとベッドサイドに「RVSM」の資格証明書が置いてある。「あっ、そうか……」昨夜資格テストに合格したのをやっと思い出した。これをどうすればいいのだろう。とりあえずセスナ社に電話で聞いてみた。

資格証明書を有効にするには複雑な手続きが必要だった。まずムスタングが高空を飛べる装備を備えた機体であることを証明する仕様書類をセスナ社に作成してもらう。書類は正副に分かれ分厚いものになるという。この書類にコピーしたジェット機操縦免許証と「RVSM」の資格証明書を添付して地域の航空審査官に提出する。審査官は書類に不備がないか入念にチェックして合格、不合格の決定を下す。

セスナ社のていねいな説明を聞いていたらあっと言う間に時間がすぎ遅刻ギリギリになった。礼を言って仕様書類を送ってくれるように頼むと大急ぎでフライトスクールに向かった。

2日目の訓練も夜8時すぎまでかかりハードだった。このままでは体力がもちそうもない。気落ちしてホテルに帰るとセスナ社からのメールにドッキリさせられた。

――フィアデルフィアの航空審査官宛に仕様書類を発送したが受け取りを拒否された。書類は拒否の理由は機体がオーランドにあるのでフィアデルフィアでは審査できない。書類はジュピターのエアジャーニー社にフェデックスの宅配便で返送された――

なんのことだかさっぱりわからない。ただ、まずい事態に陥っているのは確かだ。なぜ大事な書類を東海岸の端っこにあるフィアデルフィアに送ったのか、なぜ返送先がジュピターのエアジャーニー社なのか。疲れた頭で考えても謎が謎を呼ぶばかりだ。明朝セスナ社に問い合わせて対処法を考えよう。そう割り切っておろそかになっていた学科の勉強に取りかかった。少なくとも教科書の2章分は覚え込まなければならない。

一夜明けてセスナ社に問い合わせると事情が飲み込めた。1万メートル以上を飛ぶ資格審査には通常6週間から8週間かかる。世界一周の出発までに審査が終わるよう書類だけでも先に見てもらおうと審査官に送った。なぜフィアデルフィアなのかは不明だが、受け取りを拒否されたセスナ社の担当は返送先をエアジャーニー社に指定した。世界一周を仕切っているエアジャーニー社なら間違いないだろうと考えたからだと言う。

どうも善意がもとで行き違いが発生したようだ。こちらも郵送先を滞在中のホテルに指定したか記憶が定かではない。フェデックス便の追跡番号を聞いて電話を切った。ネットで追跡番号を打ち込むと午前10時30分にエアジャーニー社に届く予定になっている。OK、訓練が終わってから車で取りに行こう。ジュピターまでなら2時間もあれば着くだろう。エアジャーニー社に電話で今夜取りに行くと伝え訓練に出かけた。

訓練を6時に終了してもらいオーランド国際空港からエアジャーニー社に車で向かった。2時間もあれば着けると楽観していたが3時間近くかかってしまった。書類を受け取ってホテルに帰ると深夜の12時をすぎていた。貴重な時間を6時間近く無駄にしてしまった。書類さえそろえば航空審査官でもあるジョンさんに渡して見てもらえる。資格を取るには一番早くて確実な方法だ。

それにしても疲れた。これから学科の勉強に取りかからなければならない……。遅い夕食を取ろうとテイクアウトのハンバーガーをかじったがのどを通らない。そのうちひどい下痢が始まった。神経性の下痢だろう。学科の勉強を切り上げて、寝ようとしたが、下痢により電解質のバランスが崩れているのか足がつって眠れない。

まんじりともしない夜を過ごし朦朧とした意識で起き上がった。できることなら訓練を休みたい。気力だけで訓練に挑んだ。結果は惨憺たるものだった。注意散漫でミスばかり犯し教官からボロ糞に言われた。

「ダメだ、ダメだ。こんなことじゃ、あと3日で試験に合格できない。あきらめたほうがいいよ」

最悪の状況だ……。ホテルに帰って開き直った。下痢は続いていたが、もう知ったことか。特大ステーキを注文してビールで流し込んだ。頭を使うには糖分が必要だとチョコバーを3本ポリポリと一気にかじった。便意は襲ってこなかった。

やり方を変えよう。もう学科の勉強はやめた。整備士になるわけではないし機体のシステムを覚えても役に立たない。飛行技術を覚えることに集中しよう。

フロントに電話して白い紙とマジックを持ってきてもらった。どこでどういう操作が必要なのか一覧表を作って壁に貼り椅子を持ってきて前に座った。冷房を利かせているが大粒の汗が吹き出しパンツ一丁になった。「よし、着陸訓練からだ。ウィーン、タッチアンドゴー！」擬音を混じえてイメージトレーニングを始めた。操縦桿を前に倒しスロットルを動かす動作を繰り返す。

真夜中にパンツ一丁でブツブツ言いながら空想上のギアを上げたり下げたり、ボタンを押す動作など手をあちらこちらに動かしている。私が院長をしている精神病院の独房での患者さんとまるで一緒だ。とても職員には見せられた姿ではない。

イメージトレーニングの効果はてきめんだった。翌日の訓練飛行では次にやるべきことがはっきりとわかり的確に操縦ができた。「グッドジョブ」の連発で教官に褒められた。精神的にも安定して体調もよくなった。ホテルに帰ると明け方までイメージトレーニングをして仮眠を取り訓練に出かけた。

この日は訓練開始から6日目になり教官もジョンさんにバトンタッチ。上昇、下降、旋回、着陸とあらゆる飛行パターンの難しい操縦を要求され次々にクリアしていった。厳しい目つきでチェックしていたジョンさんも次第に顔をほころばせ「もう1日訓練したら試験を受けてもいいよ」と言ってくれた。

訓練飛行が終わってフライトスクールに戻るとジョンさんはジェット機の免許についての説明をしてくれた。

ジェット機は機種によって性能が違い計器類も複雑になる。このため機種ごとに免許が発行される。たとえジャンボ機の免許を持っていてもムスタングの免許がなければ操縦はできない。ムスタングを操縦したければムスタング用の免許を取らなければならないのだ。また機種ごとの免許もいくつかのランクに分かれている。一人で飛ぶことができる単独機長の免許、機長として飛ぶことはできるが単独ではなく副操縦士が必要な免許、副操縦士としてしか飛べない免許の3種類がある。

ジョンさんは一番難しい単独機長の試験は、あと1日訓練しても合格の確率は五分五分、もう1週間あれば確実に受かると言った。いや、そんな時間を費やしている暇はない。迷わず副操縦士つきの試験を受けることにした。ジェット機の免許は厳しいのでアメリカで取っても日本では通用しない。もう一度最初から日本で免許を取り直す必要があるのだ。差し当たって世界一周の期間だけ通用する免許があればいい。テリーさんが副操縦士として同乗してくれる。問題はない。そう決断してホテルに急いだ。あしたは訓練の総仕上げだ。今夜ひと晩、イメージトレーニングを頑張ろう。合格を確実なものにしておきたい。

7日目の訓練も教官はジョンさんだった。自分なりに操縦技術が未熟な部分をリストアップしたメモを渡し集中的に教えてくれるように頼んだ。先が見えてきたので気分的にもリラックスして操縦桿を握った。これなら持てる力を100パーセント発揮できそうだ。緊張感は持続しているがプレッシャーからは解放されている。心配はない。訓練終了後ムスタングを駐機場に止めるとジョンさんがしっかりと目を見つめ言った。

「きょうまではあなたの教官だったが、あしたは試験官になる。助け舟は出さない。ダメな人に免許を与えて事故があれば試験官の責任が問われる。決して妥協は許されない。そのつもりで真剣にチャレンジしてもらいたい」

「了解しました。頑張ります」

「グッドラック……」

友情のしるしに堅い握手を交わして別れた。帰り道、空を見上げるといつの間にか薄っすらと雲がかかり星は見えなかった。生暖かい風が吹き抜けていく。「ここは常夏、フロリダか……」久しぶりに物思いにふけった。この1週間がとても長く感じられた。

ホテルに着くと早めに夕食をとって休むことにした。もうイメージトレーニングはいらない。無事試験をクリアできるよう天候が大きく崩れないことを祈った。

翌日、試験は口頭試問から始まった。ジョンさんはピリピリとした雰囲気を漂わせながらムスタングの構造とシステムについての質問を機関銃のように浴びせてきた。正解か間違いか考えている時間はない。矢継ぎ早に繰り出される質問に直感で答えていった。

次の試験は教室から駐機場に移動してムスタングを1周しながら「これはなに？」と指差されたものの名前と機能について一つ一つ答えていった。学科の勉強を途中で放棄した割には答えに窮する質問は出なかった。ツイている。これならいけそうだ。口頭試問は1時間ほどで終わり操縦試験に入った。

急旋回、失速、異常姿勢からの回復と訓練で習ったテクニックを課題に出され、ぎくしゃくすることなくスムーズに機体を操った。操縦試験のフィニッシュはサンフォード空港での離着陸試験だ。タッチアンドゴー、ゴーアラウンドなどさまざまな状況を設定され徹底的に技術力を調べられた。

ラストワンのテストは片方のエンジンが停止状態での着陸だった。いったん上空に舞い上がり左エンジンのスロットルを絞り込まれた。急にバランスが崩れたが、ゆっくりと降下して行き誘導電波をとらえた。やがて最低高度を通過して着陸の瞬間が迫ってきた。機体は翼の揺れもなく安定した姿勢で着地に成功。滑走路の端までゆっくりと走り再び離陸するためUターンしたところくらいからジョンさんの私の呼び方が、名前から

「キャプテン」に変わったことに気がついた。もしかしたら合格したのかも知れないと思った。そのまま離陸して機首をオーランド国際空港に向けた。

空港が近づき着陸態勢に入るとスピードとバランスを制御するフラップを使わないで着陸するように要求された。ノーフラップランディングでこれはまだ訓練で習っていない。当然ながらうまくできなかった。

ムスタングを駐機場に入れ完全に停止したところでジョンさんに「コングラチュレーション」と言われ握手を求められた。合格したのだ。最後にミスったノーフラップランディングは単独機長のテスト項目で試しにやらせてみただけだとわかった。

合格した喜びよりもほっとした気持ちの方が強かった。これで念願の世界一周飛行に参加できる。安堵感が全身を包み力が抜けていった。やっとのんびり眠れる。フライトスクールに戻ると置いてあった体重計に乗ってみた。1週間で5キロも落ちている。まあ、ダイエットにはちょうどいいか。お楽しみはこれからだ。世界一周の本番までには、まだまだやることがある。2カ月間の長期休暇を取るための病院スタッフの手配、旅行に必要な装備と荷物の準備、それだけでも大変な手間だ。免許を取ることができた感傷に浸ってボーッとしている暇はない。さっそく準備に取りかかった。まずは、エアジャーニー社のテリーさんに連絡して正式な申し込みをしなければならない。

さっそく電話でテリーさんに合格を知らせ世界一周の申し込みをした。免許についてはＳ種類のうち副操縦士つきのを取ったと伝えると、どうも話が噛み合わない。ジェット機免許の制度について知らないようだ。すると……、これはまずい。テリーさんはムスタングの免許を持っていなかったのだ。それでは副操縦士の役に立たないではないか。こちらも飛べなくなる。急いで免許を取ってもらうほかになかった。

ジョンさんに相談すると短期間で免許が取れるように訓練すると請け負ってくれた。ただし訓練用にムスタングを無料で提供する条件がついた。正直言って買ったばかりの大切なムスタングを他人に乗り回されるのはいい気分がしない。カネの問題ではなく生理的に触られたくないのだ。世界一周がかかっていなければ断ったが、嫌々ながらＯＫしてジョンさんとテリーさんをつないだ。エアジャーニー社の世界一周の仕切りは大丈夫なのだろうか。心配になってきたが、これまでも強引に突っ走ってきた。これからも何が起ころうとも突破できるだろう。

第3章

世界一周

北アメリカからヨーロッパ

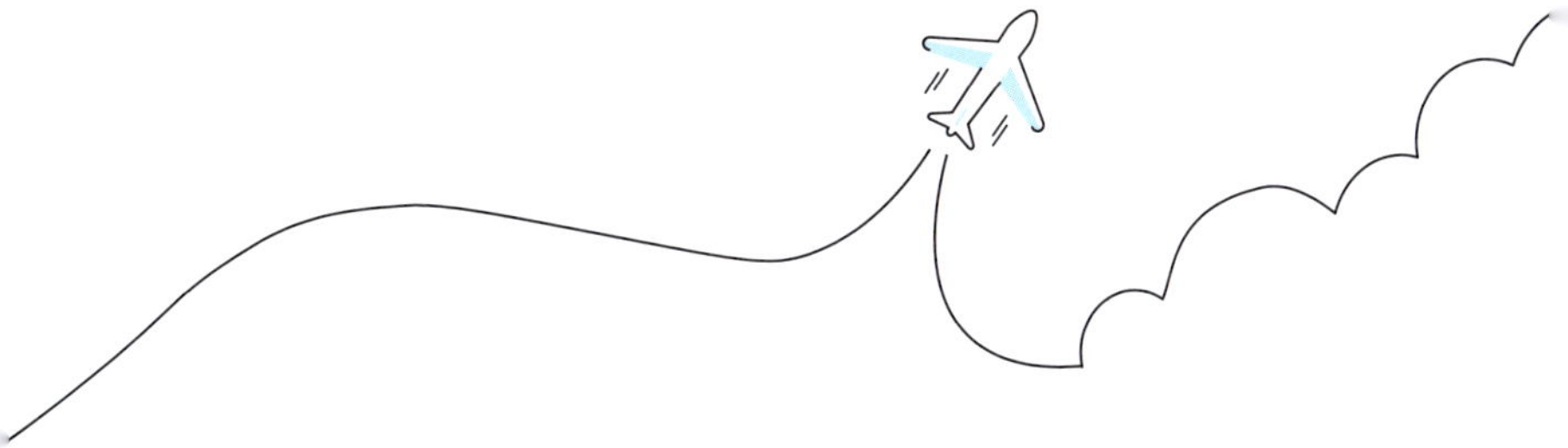

旅の始まり

3月下旬、アメリカから帰国してすぐにエアジャーニー社から世界一周の日程表がメールで届いた。

5月8日 カナダ・ケベック→クージュアク→グリーンランド・カンゲルルススアーク
5月11日 カンゲルルススアーク→アイスランド・レイキャビク
5月12日 レイキャビク→チェコ・プラハ
5月16日 プラハ→スペイン・イビサ島
5月18日 イビサ島→グラナダ
5月20日 グラナダ→モロッコ・マラケシュ
5月23日 マラケシュ→マルタ島
5月25日 マルタ島→ギリシャ・サントリーニ島
5月28日 サントリーニ島→トルコ・イスタンブール
6月1日 イスタンブール→カッパドキア
6月3日 カッパドキア→ギリシャ・ロードス島

6月5日　ロードス島→ヨルダン・アカバ
6月8日　アカバ→サウジアラビア・カスィーム→ドバイ
6月11日　ドバイ→オマーン・マスカット
6月13日　マスカット→インド・アフマダーバード→アグラ
6月15日　アグラ→コルカタ
6月16日　コルカタ→タイ・チェンマイ
6月19日　チェンマイ→カンボジア・シェムリアップ
6月21日　シェムリアップ→マレーシア・ランカウイ島
6月24日　ランカウイ島→シンガポール
6月26日　シンガポール→インドネシア・スラカルタ
6月28日　スラカルタ→バリ島
7月1日　バリ島→マレーシア・コタキナバル
7月3日　コタキナバル→フィリピン・セブ島
7月6日　セブ島→スービック→中国・香港
7月9日　香港→台北
7月12日　台北→日本・岡山

イスタンブール
トルコ
ロードス島
ヨルダン
アカバ
サウジアラビア
カスィーム
ドバイ
マスカット
オマーン
アグラ
アフマダーバード
インド
コルカタ
中国
チェンマイ
タイ
カンボジア
シェムリアップ
マレーシア
ランカウィ島
シンガポール
インドネシア
スラカルタ
バリ島
マレーシア
コタキナバル
フィリピン
セブ島
香港
台北
岡山
日本
ゴール
インド洋
世界一周コース
略図

グリーンランド
カンゲルルススアーク
アイスランド
レイキャビク
ノルウェー
クージュアク
カナダ
ケベック
スタート
プラハ
チェコ
スペイン
イビサ島
マルタ島
グラナダ
ギリシャ
サントリーニ島
モロッコ
マラケシュ
アメリカ合衆国
大西洋

日程表では初日の5月8日から一番の難所を飛ぶ。ケベックからまっすぐ北に1200キロ飛びカナダの最果てにあるクージュアク空港で給油、そこから北極圏に突入して北大西洋を飛び越えグリーンランドのカンゲルルススアーク空港まで1300キロ、1日で合計2500キロを飛行する。雪と氷に閉ざされた極寒の地、凍りつく海を相手にしなければならない。

その後はヨーロッパを巡り灼熱と乾燥の中東地域を経由して、インドから東南アジアに抜ける。気温差はマイナス40℃からプラス40℃まで80℃も温度差がある。衣類は防寒着から真夏の半袖まで用意しなければならない。ほかにも事故に備えて万全の装備が必要になる。

まず、装備のリストアップをした。北極圏の海に墜落した場合を想定すると救助を待つ間、防寒、防水性に優れ海上に浮いていられるイマージョンスーツが必要だ。これを着ていれば生命を維持できる。だが、それだけでは安心できない。やはり救命ボートもいるだろう。ムスタングに積めるようにコンパクトに折りたため圧搾空気で一瞬にしてふくらむ屋根つきのゴムボートがいい。救命ボートには非常食と携帯無線機、携帯のGPSを一緒に入れておくことも大切だ。イマージョンスーツや救命ボートはネットで手配してアメリカで現地調達、衣類と洗面用具などの雑貨は日本で用意して持っていく。

寒い地域を飛ぶのは最初の10日間だけだから厚手の耐寒防水コートとユニクロのヒートテックでなんとか凌ぐ。邪魔になれば途中で捨ててもいい。

荷物をまとめると家内の分と合わせて旅行用スーツケース4個になった。ムスタングに積み込むには少々ウエイトオーバーだが、2カ月間の世界一周になるとどうしてもこれだけの量になる。

あれやこれや準備しているうちに時間ばかりがすぎていった。完璧を期したらきりがない。何度もトランクを開けて点検するのをやめドーンと構えた。

5月4日、日本を出発する日がきた。計画では成田空港からワシントンDCまで直行便で行き5日に到着、ワシントンDCにあるスミソニアンの航空宇宙博物館を見学して、翌日ボルチモアにいる姪っ子に会う。第2子が生まれたというのでお祝いに寄ることにした。その後6日にフロリダのオーランドに飛び、翌日の7日、ムスタングを操縦して集合地のカナダのケベックに向かう。

いよいよ出発だ。成田からワシントンDC行きのジャンボ旅客機に乗り込んだ。

伝説の女性飛行士アメリア・イアハート

５月５日、ワシントンＤＣに着くと荷物をホテルに置きスミソニアンの航空宇宙博物館に直行した。お目当てのアメリア・イアハートの展示コーナーに行くと真紅にペイントされたプロペラ機が飾られていた。往年の名機ロッキード・ベガだ。伝説の女性飛行士アメリアは１９３２年、このベガに乗って大西洋単独横断飛行に成功している。

全長約８メートル、全幅約13メートルで想像していたよりも大きい。エナメルのように光沢のあるボディを眺めているとアメリアのチャレンジ精神が伝わってくるようだ。きっとレーダーもない粗末な装備で乱気流や雲、雨と闘いながら北大西洋を飛び越えたのだろう。凄い女性だ。アメリアは単独飛行に成功したあと赤道上を東回りでぐるりと回る世界一周飛行に挑戦している。

１９３７年5月21日、アメリアはカリフォルニアのオークランドを飛び立った。一路南下しながら東に向って北アメリカ大陸を横断、南米大陸の最東端にあるブラジルのナタールを経由、アフリカ大陸からインドを経て1カ月後の6月30日にはパプア・ニューギニアのラエに到達している。その先はハワイを経由して太平洋を横断すればゴールのオークランドに到着である。小雨降る中、悪天候を突いて離陸したアメリアはその後、消息を断ち行方不明になった。

　アメリアが世界一周飛行で使ったのは双発のロッキード・エレクトラ10Eだ。旅客機として製造され全長約12メートル、全幅約17メートルで乗員2名、乗客12名を乗せられる。アメリアは航続距離を伸ばすため客席を取り払い燃料タンクを増設、軽量化を図るため救命ボートや救難信号銃は搭載しなかった。遭難後、大規模な捜索が行われたので安全装備があれば救出された可能性が高い。それを思うと残念でならない。

　アメリアの捜索は当時のフランクリン・ルーズベルト大統領の命令で、アメリカ海軍や沿岸警備隊の艦船が使われ400万ドルを費やされた。またこの地域を委託統治していた日本海軍の艦艇も加わったが空振りに終わった。これだけの布陣で捜索されたのだから救命ボートさえあれば助かっただろう。最

姪っ子がリムジンを迎えによこしてくれた。広すぎてどこに座っていいかわからない。

後の通信記録とされる「残燃料ではあと30分程度の飛行しかできない」の言葉が重く感じられる。

今世紀最大の航空ミステリーと言われるアメリアの遭難はいまだに論議の的になっている。遭難したアメリアが短時間で死亡したのか、漂流してしばらくのあいだ生存していたのかが謎のままだ。2002年から数回にわたって民間のサルベージ会社による探査が行われ、さらに2012年には国務長官だったヒラリー・クリントンが真相究明のためアメリカ政府が支援すると公言して遭難した全域を捜索した。

その結果、周辺海域の無人島に緊急着陸して生存していた痕跡が見られ、機体の一部が収集されたとの報告があるが、確証としては認められてはいない。

スミソニアンにはほかにもライト兄弟の複葉機、チャールズ・リンドバーグが世界で初めて大西洋単

アメリア・イアハートの写真と機体の前で撮影。これから世界一周に出る身としては他人事ではない。

独横断飛行に成功したスピリット・オブ・セントルイス号も展示されていた。

スミソニアンに保管されている多くの展示物を見ながら飛行機の黎明期に活躍した偉大なる先人たちの勇気と操縦テクニックの素晴らしさに敬意を表し我々の旅の無事を祈った。

翌日、宿泊中のホテルに姪っ子の差し向けたリムジンが迎えに来た。あまりに車内が大きくてどこに座っていいかわからない。姪っ子の住むボルチモアはワシントンDCに隣接し30分ほどで着いた。郊外の瀟洒な一軒家だった。

やがてレストランに移動して食事が始まり、話題は日本にいる親族のようす、アメリカでの暮らしぶりなどとりとめのない内容だったが話が弾み楽しいひと時を過ごした。

世界一周飛行では2カ月間も外国人のグループと

第2子誕生のお祝いに行ったのに出発前の壮行会となってしまった。

寝食を共にしなければならない。英語しか通じず習慣も違う人たちとうまくやっていけるか不安だったが、たった一人でアメリカに渡って立派にやっている小さかった姪っ子の姿を見てがんばろうと思った。

飛行4000時間のベテランパイロットたち

フロリダの熱い日差しを受けオーランド空港の気温はすでに30℃を超えていた。Tシャツと短パン姿になり、重いトランクをまるでパズルを解くように縦にしたり横にしたりしてムスタングの荷物室に収めようと悪戦苦闘した。荷物は衣類などを詰めたトランクが4個ある。

全身が汗でびっしょりになった。どうにか荷物を積み込みテリーさんが副操縦士として助手席に座った。テリーさんは約束どおりこの日のためにムスタングの免許を取ってくれたのだ。ただしこちらが申請中の高度1万メートル以上を飛行する免許は、まだ審査の手続きが終わらずあと1週間ほどかかりそうだ。

家内もキャビンに座って出発の準備が完了した。家内はムスタングに乗って飛ぶのは初めてだ。乗り心地のよさにさぞびっくりするだろう。

エンジンをかけゆっくりと駐機場から滑走路に出た。ムスタングの操縦を離れてたったの6週間しかたっていないのに計器類に目が追いついていかない。エンジンを噴かしブレーキを外すとムスタングはスルスルと走り出し一気に舞い上がった。

オーランド国際空港の上空を旋回して水平飛行に移ると一路、北に向けて針路を取った。途中、東部バージニア州のリッチモンドで給油をし、それからケベックまで飛ぶ。

考えてもみなかったが教官なしで飛ぶのはこれが初めてだった。そのうえ訓練では空港の周辺を高度1700メートル程度で飛行しているだけだった。現在の高度は8000メートルだ。早くもフロリダ州の北端にある大都会ジャクソンビルの市街地が見えてきた。ふと、いま自分は一人前のジェットパイロットとして飛んでいると自覚した。ふつふつと巣

工夫して荷物を積み込む。

立ちの喜びが込み上げてきた。鳥のように大空を自由に飛びたい。もう10年も昔、あの雨の夜に思い描いた夢がジェットという翼を与えられ完璧に実現した。

やがてリッチモンド空港が視界に入ってきた。小さな田舎の空港で周囲には田園地帯が広がっている。オートパイロットは誘導電波をとらえ静々と降下を始めた。最低高度を通過しオートパイロットを切り操縦桿を握りしめ着陸態勢に入った。気流の乱れもなく滑らかに理想的な着陸ができた。

リッチモンド空港は規模が小さく空港ビルにレストランがない。給油している間に食事をとるため空港の職員に車を貸してくれるように頼んでみた。ジョンさんのやり方をまねてみたのだ。職員は何も言わずに止めてあった小型車を指差すとキーを渡した。やはりアメリカではどこでも同じだ。無条件で車を貸すのが当たり前になっている。ありがたく拝借して食事に出た。それにしても自分がアメリカ的やり方にすぐ順応する早さに内心びっくりした。

遅い昼食を済ませリッチモンドからケベックに向けて出発した。快晴の中、順調に飛行を続けていると突然オートパイロットの警報ランプが点灯した。あわててレーダーを確認すると大きな積乱雲が映し出された。高性能のレーダーは積乱雲の上下左右の大きさがわかる。この雲なら左へ10度、約50キロ回避すればいい。そう判断して管制官にコース変更の連絡をしようとしたとき、管制官の方から先に「N510HW、その雲どっちによけるんだ」と機体番号を言い聞いてきた。この積乱雲のことは管制官の方でも見えているようだ。機体番号は飛行機一機一機につけられた戸籍みたいなもので世界共通、どこに行ってもこの番号で呼び合う。管制官にコース変更の許可をもらい大きく迂回して積乱雲を避け無事に小雨降るケベック国際空港に到着した。

空港から宿泊先のフェアモント ル シャトー フロントナック ホテルに着くと今回世界一周に参加するメンバーたちがそろっていた。あいさつもそこそこにテリーさんのエスコートで旧市街地にあるレストランに行くことになった。ケベックは北アメリカ唯一の城郭都市で古い歴史を誇り、旧市街地は世界遺産に登録されている。宿泊するホテルも昔のお城を改装したものだ。

旧市街地に出ると古い街並みが切り立った崖の上まで続いている。フニキュラーという短い距離を上下するケーブルカーがあり、それに乗って崖の上に出た。レストランに入るとテリーさんの仕切りで自己紹介が始まった。

ジェリー・フセル、ローリー・フセル夫妻。旦那さんは67歳でまっ白なヒゲを生やしている。奥さんはたぶん半分くらいの年齢だが、女性ながらジェットパイロットの免許を持ちこの旅行でも旦那と交代で操縦する。コロラドからの参加で二人ともトレッキングが趣味。強靭な肉体を誇る。機種はムスタング。

ダグ・アームストロング、エーリ・アームストロング夫妻。ミーガンちゃん（13歳）、ケイティちゃん（6歳）も一緒で、二人ともバービー人形のように可愛く元気いっぱいに動き回る。機種はムスタング。

ローン・ブレット、リン・ブレット夫妻。カナダからの参加で旦那さんは190センチを超える大男。とても気さくで元ホンダのディーラー。現在は暖房機関係の会社を興し成功している。カナダの湖畔に豪邸を構えているとの話。機種は単発プロペラ機のソカタTBM700。以前名古屋で見たTBM850の同型機で最高速度568キロ、航続距離2900キロ、高度9400メートルを飛ぶ。

ルイス・メイナー、マリー・メイナー夫妻。旦那さんは身長2メートルを超えている。いつも自分の

ダグさんと初対面。

顔より大きいマイ・ワイングラスを持ち歩く。ワインは大きなグラスで飲まないとおいしくないと言う。アメリカは州によって税金が違うため何をどこで買えば得になるかアドバイスをすると言う。まさにアメリカ的な商売で儲けている。機種はブラジルのエンブラエル社製の双発ジェット機、フェノム100。最高時速722キロ、航続距離2180キロ、高度12500メートルを飛ぶ。フェノムは天才の意味でネーミングもすごい。ちなみにムスタングは単純に訳せば野生馬だ。

これに我々テリーさんと家内を加えた総勢13名が参加メンバーで、双発ジェット機4機と単発プロペラ機1機の計5機での飛行となる。

参加したパイロットは4000時間以上の飛行経験をもつベテランばかりだった。私の飛行時間が500時間ほどしかないことを話すと、勇敢な男といわれ、握手を求められた。その後ジェット機の免許を取りたてなことを話すと〝神風〟といわれあきれられてしまった。

自己紹介が終わり食事をしながらの雑談が始まった。みんな母国語が英語なのですぐに打ち解け楽しそうに歓談している。しかし、こちらは会話についていけず家内と二人黙々と食事を続けた。この先のことが少々心配になった。

翌朝10時、ロビーに集合して市庁舎の見学に出かけた。ケベック市では観光客向けに市庁舎の見学ツアーを開催している。この日は市長もお出ましになり昼食会が開かれるという。家内は重い思いをして持ってきた着物に着替えた。

小雨の降る中、市庁舎に行くと厳重なセキュリティチェックを受け入館証を胸につけて市長秘書の案内で館内を見て回った。1878年に建てられたバロック様式の建物は重厚な雰囲気を漂わせていた。館内はウイークデーの午前中なのにガランとして人影はまばらだ。それでもある会議室を覗くと市議たちが熱心に討議していた。1時間ほど見学したあとレセプションルームで市長主催の昼食会が開かれた。あいにく市長は所用で欠席、代わりに副市長があいさつに立ちいきなりフランス語でしゃべりだした。ケベック州はフランスの統治時代が長くその影響が強く残っている。公用語もフランス語なのだ。そう言えば街並みもヨーロッパの面影を残す建物が

市長に会うというので正装した。

多い。

副市長のあいさつは「みなさんの来訪を歓迎して昼食会をご用意しましたが、あいにく天気まではご用意できませんでした」といったジョークで始まり、あとはよくわからなかった。この手のジョークはヨーロッパでは社交辞令的によく使われるようだ。

ホテルに帰るとテリーさんが「キャプテンだけ5時にロビーに集合してください。天候が悪いためあしたの飛行のミーティングをします」と言った。

あしたは世界一周の出発日だ。初日から一番の難所を飛ぶことになる。ケベックからクージュアク空港を経由してグリーンランドのカンゲルルススアーク空港までの飛行だ。北極圏の北大西洋を飛び越え1日で2500キロを飛ぶことになる。

ロビーに集合したキャプテンたちは真剣な面持ちで天気図を眺めていた。それぞれの機長のｉｐａｄ

人影まばらな会議室。

にテリーさんからAirStationという電子機器を使って大量の情報を送る。1分後には全員が明日の飛行ルート、空港の情報、天気予報等を自分のipadに取り入れている。明朝空港を離陸したらそのままの方位で4000ftまで上昇し、レーダーコントロールからの指示に従う。クージュアク空港に近づいたら122・2の周波数を聞いていなければいけない等、注意事項は細部に及んだ。天候の回復は望めそうもない。しかし、飛べないほどの悪天候ではない。雨雲の上に出れば飛行できるとの結論に達した。注意事項として経由地のクージュアク空港は滑走路が1本で、誘導路は滑走路の端に1カ所しかない。着陸したらそのまま滑走路の端まで走り誘導路に入るようにと教えられた。

ミーティングのあと早めに夕食を済ませ部屋に入った。あしたはいよいよ世界一周に出発する。部

ホテルの窓からセントローレンス川を望む。

屋の明かりを消して窓の外を眺めた。目の前にセントローレンス川が流れ星屑を散らしたようにケベックの街の夜景がキラキラ輝いていた。

極北のクージュアク空港で大型旅客機とニアミス

ベッドサイドの時計を見ると朝の5時半を指している。起き上がってそっとカーテンを開けてみた。どんよりと雲が垂れ込め雨が降っている。濃い霧に包まれ目の前を流れるセントローレンス川も見えない。天候はきのうより悪化している。飛ぶことはあくまでも趣味だ。危険を冒しドキドキ、ハラハラしながら飛ぶのはごめんだ。楽しく飛べなければ意味がない。

一番の難所を飛ぶ初日からこれほどの悪天候に遭遇するとは想定外だった。無理はしたくない。空港に行っても天候が回復しなければ頑として飛ばない。みんなに遅れてもテリーさんに頼めばスケジュールの調整をしてくれるだろう。初心者といえども機長は私だ。最悪の場合は勇気をもって中止する決断をしよう。そんな気持ちで空港に向かったが、空港に着くといきなりテレビ局の取材クルーに囲まれた。自家用機で世界一周するグループが話題になりインタビューさせてくれと言う。駐機場に行き機体のそばで取材を受けた。

「あなたはなぜジェット機を日本で買わないで、アメリカで買ったのですか?」

ムスタングの前に立たされ質問された。こちらのグループのことをきちんと下調べしたようでよく知っている。

「あの……、日本では手数料が高いからです」

「ジェット機の免許を取ったばかりだそうですが操縦はだいじょうぶですか、怖くありませんか?」

「機体の性能がいいので心配してません」

まともな答えになってしまった。何かおもしろいことを言って余裕を見せたかったが言葉が出てこない。テレビクルーたちは1時間ほど取材して去って行った。地元CTVのニュース番組でオンエアされると言っていたが、私たちは世界一周に出発したあとなので見ることはできないだろう。

取材中、しとしとと降っていた小雨もやみ、いくぶん空が明るくなってきた。キャプテンたちが集まりiPadでエアジャーニー社のホームページを開いた。世界の天気、レーダー画像、上空の風などすべての気象情報が見られるようになっている。

ケベックシティの上空はそれほど雲が厚くない。目的地のクージジュアクはリトル・スノー（小雪）から曇りに変わった。

「よし、行こう」

みんなの意見が一致した。自分でもこれならＯＫだと確信がもてた。管制塔に連絡を取り離陸の許可をもらうと滑走路に順番に並び５分おきに離陸した。

飛び上がると雲の中に入りパラパラと冷たい雨が機体に当たった。雲に遮られて前方がまったく見えない。計器を頼りにじっと辛抱して上昇を続けた。するとウヮ〜ッという感じで一瞬にして視界が開けた。雲から抜け出たのだ。青い空が広がりまばゆい太陽の光が差し込んできた。感動的な瞬間だった。この快感は飛行機乗りにしか味わえないだろう。同じ雨雲を抜ける瞬間でも、旅客機の小さな窓に顔を押し付けて必死に外を見るのとは比べものにならない。もう安心だ。高度９０００メートルで水平飛行に移った。

「おーい、そっちの高度はどれくらいだ」

ダグさんの声だった。無線機は2台あり1台は管制官とのやり取り専用に使う。もう1台はグループ間の連絡用でグループ間で使う周波数に設定してある。

「こちらは1万2０００メートル。そっちは？」

ジェリーさんが答えた。二人ともムスタングに乗っている。

「1万1０００メートルちょうどだ」

「低すぎないか」

「わかった。もう少し高度を上げてみるよ」

　機体間のおしゃべりが始まった。グループで飛ぶ場合、この会話がなんとも楽しい。話の内容は「スピードはどれくらいか」とか「エンジンの調子はどうだ」とか他愛のない雑談だが、これが実に楽しい。そのうちフェノム100のルイスさんも加わってジェット機組4人で燃料の話になった。ルイスさんは一番高く1万2500メートルをGS500キロで飛んでいる。GSは「対地速度」で地表の移動距離で換算したスピードだ。追い風が吹くと速くなり、向かい風は減速になる。ルイスさんの燃料消費は1時間あたり530ポンド（約240キログラム）だ。

　ジェット燃料はリットルではなくポンドで計る。リットルは体積の単位でポンドは重さの単位だ。ジェット燃料は膨張率が高くわずかな気温と気圧の違いでも体積が大きく変化する。このためポンドが使われるのだ。

　ルイスさんと比較してみると、こちらは高度9000メートルをGS620キロで飛び燃料消費は1時間に440ポンド（約200キログラム）。フェノム100より燃料の食い方も少ないしスピードも速い。

「やった。ムスタングの方が燃費はいいみたいだね」

「待ちなよ。さっき言った530ポンドは両方のエンジンの燃料だぞ。そっちも同じ計算しているかい」

「いや、片方の燃料計を見て計算していた。両方だと880ポンド（約400キログラム）になる」

「ほら、倍近く使っているだろう。ジェット機は高度を上げたほうが燃費はよくなるんだ」

なるほど。納得した。低空を飛ぶと燃料をジャブジャブ食って仕方がないと聞いていたが初めて実感した。このまま1万メートル以下を飛んでいたら燃料代がかかってしょうがない。早く高空を飛べる免許が降りることを願った。

やがて目的地のクージュアクが近づき管制官から着陸の指示が出された。大地を覆う雲のかすかな切れ間から雪と氷に閉ざされた空港が見える。滑走路に向って1700メートルまで降下すると雲の中に入り翼にパラパラとアイシングした。気温もだいぶ

雲の切れ間からみえた雪と氷の大地。

低い。雲の水蒸気がすぐに凍りつく。放っておくと翼の形状が変わり、エンジンも凍りつき浮力を失って墜落の危険がある。すぐに除氷装置を入れた。高度700メートルまで下がったところで雲から抜け出し滑走路がぽつんと1本見えた。

「N510HW、北東の向かい風が強く吹いている。滑走路の南から進入して着陸せよ」

管制官からの指示が入った。空港の上空を左に大きく旋回して着陸態勢をとり無事にタッチダウン。このまま滑走路の端まで進めば誘導路がある。

「Uターン、Uターン、Uターン」

テリーさんがいきなり叫んだ。風の影響で管制官が昨夜のミーティングとは逆方向からの着陸を誘導したのだ。それに気がついたテリーさんが大声で注意した。

Uターンして滑走路の端まで戻らなければ誘導路はない。右のエンジンを噴かしゆっくり方向を変えたとたん前方から大型旅客機が煌々と着陸ライトを光らせながら最終着陸態勢に入り飛んでくるのが見えた。パワーを入れ機体が浮き上がるほどのスピードで走った。旅客機との距離はどんどん縮まり下ろした車輪がはっきりと見える。すんでのところで左に曲がり誘導路に入ると背後でゴォーッと轟音を響かせながら旅客機が着陸していった。

危ないところだった。いったいどういう管制をしているのだろう。駐機場に降り立ち一人でブツブツ文句を言っているとテリーさんが「管制塔に行って、後続機の着陸を見ながら昼食を取ろう」と誘ってきた。そう言われてもいまどきどこの空港でもテロリスト対策で厳重に警備されているはずだ。入れるわけがない。

「いいから、行ってみようよ」

テリーさんは昼食用のサンドイッチを抱えて歩きだした。半信半疑でついて行くと鉄骨で組まれたプレハブ3階建ての管制塔に入った。エレベーターはなく階段を上がると管制室のドアがあった。テリーさんがドアを押すとスーッと開いた。

「見学させてもらえるかな」

「どうぞ。そのへんに座ってゆっくり見ていってよ」

20代前半の若い管制官が笑顔で応え握手を求めてきた。通常は1日に3便から4便が発着するくらいなので一人で管制をしていると言う。ところがきょ

クージュアク空港の管制塔。見学自由だった。

うは私たちのグループが5機もいっぺんにやって来たので、てんてこ舞いだと笑った。まだ後続機が2機、上空で待機している。管制塔から着陸のようすを見られるなんてめったにないチャンスだ。サンドイッチをつまみながら後続機の着陸を眺めた。

全機がそろい給油が終わって休憩が済むと離陸の準備に取りかかった。これから北極圏の凍てつく海を飛び越える。まず、家内にエマージョンスーツを着せた。体にぴったり吸着するようにデザインされ、分厚いゴム製で中に空気が入っている。ゴワゴワして着にくい。不時着するような危機的状況の中では着せている余裕はない。もしもの場合、テリーさんとはどちらか一人が操縦している間に着替えるという段取りを組んである。緊急時にはほかにも救命ボートの用意や無線連絡などやることはいっぱいある。とても家内に着せている時間はないので、い

クージュアク空港待合室。

まのうちに着てもらった。

　エマージョンスーツは遭難しても発見されやすいように蛍光ピンク色をしている。足の先から頭まで全身をすっぽりと包まれ顔だけ出した家内はおどけてVサインを出した。それを見ていたキャプテンたちは「用心しすぎだ」と言って大笑いした。

　確かに双発ジェット機は片方のエンジンが故障しても心配ない。残る1台のエンジンで飛行できる。2台のエンジンがいっぺんにアウトになる可能性は限りなくゼロに近い。それを考えれば、エマージョンスーツ着用は危機に対する過剰反応に映るだろう。だが事故はエンジンの故障に限った話ではない。想定外の何が起こるかわからない。氷の海に落下して一巻の終わりにはしたくなかった。

　カンゲルルススアークまでは、あまりに北すぎてレーダーが管制の範囲をこえてしまうため、常に自

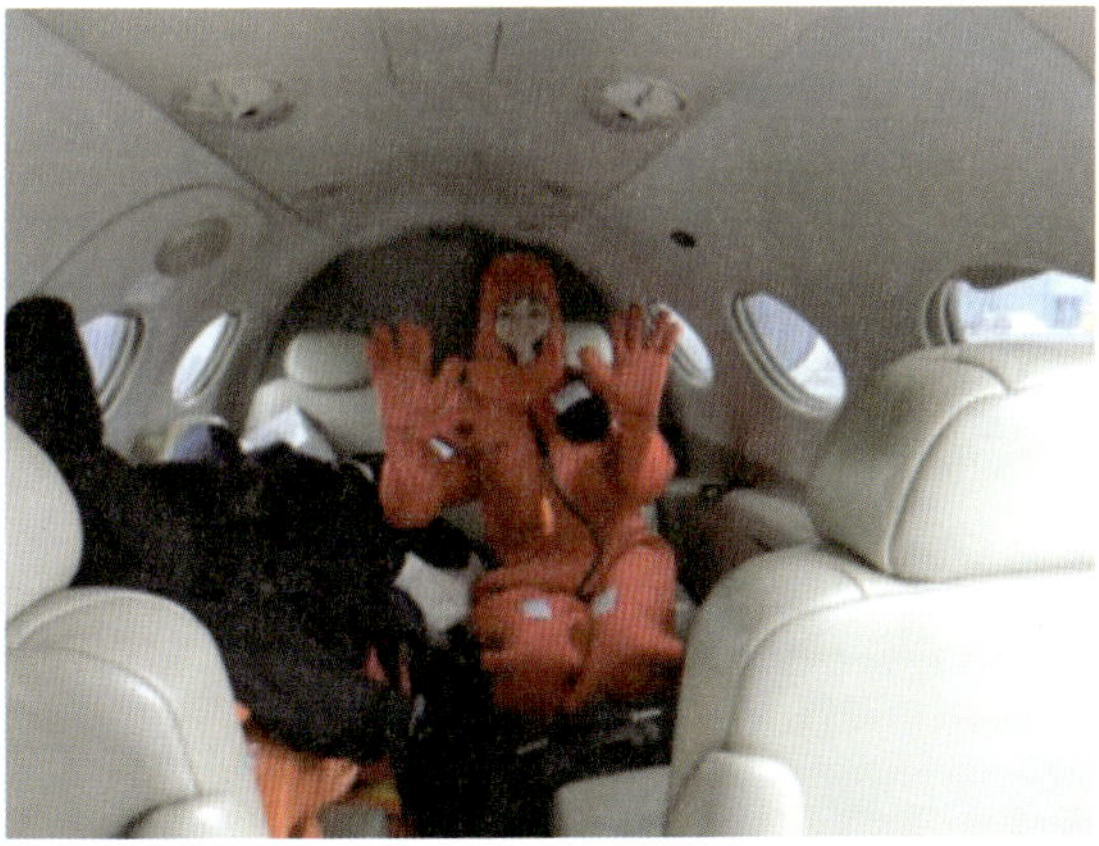

大西洋横断にそなえ家内にエマージョンスーツを着てもらった。

機の位置を管制菅に通報しなければならない。またGPSの範囲もこえてしまったため航空機器のガーミンは役に立たなくなり、コンパスの方位だけで飛ぶことになる。準備が整い次の目的地グリーンランドのカンゲルルススアークに向けて飛び立った。

カンゲルルススアークはイヌイットの言葉で「大きなフィヨルド」という意味だ。その名のとおり氷河に削られた複雑な地形で、海岸線から大峡谷を150キロもさかのぼったところにある。空港の周囲には高い岩山がいくつもそびえ乱気流の発生や衝突の危険がある。

そんな注意事項をイメージしながら上昇し上空9000メートルで水平飛行に入った。一番の難所として恐れていた北大西洋上空を滑るように飛び揺れ一つない。これで安心だ。気分がぐっとリラックスした。オートパイロットにまかせておけば着陸ま

断崖にかこまれたカンゲルルススアーク空港。

で何もすることがない。ボーッと外の景色を眺めた。どこまでも、どこまでも、どこまでも……、ずっと青い空と白い雲だけだ。永遠の時の流れを感じさせる。

無線機から私たちより高空を飛んでいる他機から連絡が入った。どうやら北極圏では低空よりも高空のほうが気温が高いという逆転現象が起こっているようだ。ジェット機はただでさえ空気の薄い高空を微妙なバランスを保って飛んでいる。気温が高くなると空気が膨張して薄くなり十分な浮力を得られず失速する。みんな急いで高度を下げてきた。

クージュアクを飛び立ってから2時間、目的地のグリーンランドに近づいてきた。フィヨルドの深い峡谷が連なる海岸線から進入し高度を下げた。快晴で周囲の景色がよく見える。さらに高度を下げ、海抜1000メートルはある断崖絶壁にはさまれた大峡谷の中に降下していった。まるでグランドキャニオンの川底を目指して降りていくような気分だ。やがて峡谷の頂きに窪みのような平坦な土地が現れ、まばらな建物と滑走路が見えてきた。着陸態勢をとり降下すると滑走路の両側に高い岩山が牙をむくようにそびえている。うまくよけないと激突する。

最終着陸態勢に入って両側の絶壁が近づくと衝突防止装置が鳴り「テレイン（高度）、テレイン、プルアップ（引き起こせ）、プルアップ」と騒ぎだした。衝突防止装置は地面に近づきすぎると警報を発する仕組みになっている。どうも岩山を感知して危険を知らせているようだ。こちらにはちゃんと滑走路が見えている。警報を無視して、そのまま降下していくと急にディスプレーがバーンと暗くなった。どうやら計器上では地面と衝突したようだ。もちろんソフトランディングで問題はない。それにしても天気がよくてツイていた。もし悪天候で視界が悪ければ警報を無視してまで降りたかわからない。

ムスタングを駐機場に入れ機外に出ると刺すような寒気に襲われた。全身が一瞬にして凍りつく。零下10℃くらいになるかもしれない。この極寒の地で2泊する。防寒服を着て分厚い手袋をはめないと必要な荷物さえ降ろせない。エンジンカバーを引っ張り出しかぶせようとしたがゴワゴワに固まっていうことをきかない。

カンゲルルススアーク空港は軍用空港でもある。両側に断崖が見える。

カンゲルルススアーク空港は2800メートルの滑走路1本しかないがグリーランドで唯一、大型旅客機が着陸できる国際空港だ。もともとアメリカ空軍の基地で第二次大戦中はヨーロッパに物資を運ぶ中継基地として使われていた。冷戦が終結するまでアメリカ空軍が駐留し、1992年になってグリーンランド自治政府の管轄に移行したという。町の人口は約500人、空港業務と観光で成り立っているらしい。

滑走路の脇に変わった標識が立っていた。世界の各都市の方向を示す矢印状の板がはめ込まれ都市名と飛行時間が書かれている。ニューヨーク4時間、ロンドン3時間35分、モスクワ5時間15分、東京10時間5分。ずいぶん遠くに来たものだ。

機体から荷物を降ろしていると空港の職員がやってきた。なんと半袖シャツ姿だ。テリーさんに給油

ラッセル氷河。氷河の氷でウィスキーを飲んだ。

などの書類を渡し、しばらく立ち話をしていたが寒くないのだろうか。人間の適応力のすごさをまざまざと見せつけられた。

ホテルに向かう途中、町で一軒のスーパーマーケットに寄った。品ぞろえは豊富で食品、日用品はもちろん衣類、酒類、薬品、ゲームソフトまでそろっていた。ほかにも教会や病院もあり一つの町として機能している。ホテルはカマボコ兵舎の形でアメリカ軍撤退後の建物を使っているようだ。部屋に入るとスペースは狭いが暖房が効いていて温かく快適だった。

翌日は丸一日、カンゲルルススアークの観光にあてられた。朝、ホテルからガイドが運転する極地用の大型ジープに乗り込んでラッセル氷河を見に行った。町から20キロほど離れたところにある大氷河だ。氷河に近づくと青く輝く巨大な氷の塊《かたまり》がそびえ立っ

カンゲルルススアークの町。

ていた。

　ガイドがテーブルを並べ氷河を見ながらのランチになった。フェノム100に乗っているルイスさんは持参した大きなワイングラスでワインを飲み、ほかの連中は氷河の氷でウィスキーのオンザロックを楽しんだ。その後はポテトチップをかじりながらウィスキー、ワインと飲み続けほろ酔い気分でそそり立つ大氷河と果てしなく続く氷原を眺めた。もう二度とここに来ることはないだろう。雄大な景色を目に焼きつけた。

　氷河からの帰り道、ガイドが世界最北のゴルフコース「カンゲルルススアーク・ゴルフコース」と書いた看板の前で車を止めた。降りてみると看板だけであたりには何もない。ガイドの後について歩きだすと遠くにゴルフコースの旗が立っていた。凍った地面に穴を開け9ホールのコースが造られてい

極地用の大型ジープと最北の氷でできたゴルフコース。

る。駐留していたゴルフ好きのアメリカ兵がここでプレーを楽しんだらしい。防寒服に厚い手袋をはめてのスイングはやりにくそうだ。氷の上のパットもボールの転がりかたがまったく予想がつかない。人間の遊び心は素晴らしい。極北の地でも人生を楽しくしようと一生懸命に努力している。

エコ大国アイスランドの露天風呂と大氷河

明けて5月11日、グリーンランドを横切り北大西洋を渡ってアイスランドのレイキャビクまで1200キロを飛ぶ。洋上を飛ぶとはいえ2時間ほどで到着できる比較的楽なコースだ。離陸の順番がきて、滑走路の両側にそそり立つ岩山に注意を払いまっすぐ上昇した。雲を突き抜け岩山に衝突しないよう十分に高度をとってから旋回しアイスランドに機首を向けた。

水平飛行に移りオートパイロットに切り換えると同行機に話しかけた。

「ダグさん、同じムスタングなのにそちらのほうが燃料消費量が極端に少ない。いったいどんな飛び方をしているのですか」

「水平飛行では高高度を飛ぶことは知っているだろうが、あとは離陸時の上昇角度と着陸時の下降角度の問題だな」

「どうするんですか」

「簡単さ。できるだけ急角度で上昇して早く水平飛行に移る。そのまま目的地まで高高度を保って飛び、目的地上空で急降下するのさ」

プロペラ機では考えられないような操縦だが今度やってみよう。まだジェット機のキャプテンになって1週間たらずだ。これから操縦のテクニックをいろいろ覚えなければならない。

飛行は順調で午前中にレイキャビクに到着した。カンゲルルススアークにくらべると大都会だ。アイスランドの人口は約32万人でそのうちの12万人が首都のレイキャビクに集中している。ホテルに荷物を置くと午後からは世界最大の露天風呂ブルーラグーンに行くことになった。

ホテルに置いてあったパンフレットによるとブ

テリーさんとブルーラグーンでミネラルを含んだ白土を顔に塗る。

ルーラグーンは50メートルプール4個分の広さがある。露天風呂といっても自然に湧出する温泉ではなく、地熱発電所が地下2000メートルから汲み上げた温水を再利用、白濁してミネラル分を多く含んでいるそうだ。なるほど、これはのんびり入ってみたい。

迎えに来たバスに乗り込み1時間ほど走ると谷間にターコイズブルーに輝く巨大な露天風呂が見えてきた。近くには煙突から白い水蒸気をもくもくと噴き上げる地熱発電所がある。ブルーラグーンは日本の温泉スパみたいな施設で、入場料を払うとリストバンドに付いたロッカーの鍵を渡され水着に着替えて中に入る。料金は4000クローナ（約4200円）と書いてあった。

温泉の温度は38℃とややぬるく周囲にはところどころ雪が積もっている。一度入ると寒くてなかなか

他機の仲間も同様に入浴する。

出られない。底には沈殿した白い土が溜まり肌に塗るとミネラルが豊富でつるつるになる。みんなふざけて泥をすくい上げお互いの顔に塗りつけた。まっ白なパックをしたようで京都の舞妓さんみたいだ。キャプテンたちも奥さんたちも全員子供のようにはしゃいで遊んだ。露天風呂のまん中にはバーがありリストバンドを見せると自由に飲み物が買える。さすがに日本酒はなかったがビール片手にのんびり温泉につかって旅の疲れを癒やした。

翌日は朝からアイスランドの観光名所を巡った。雨の降る中ホテルに迎えに来たのは人の身長ほどもある巨大なタイヤをつけたジープだった。はじめに有名なストロック間欠泉を見学した。お湯の溜まった直径2メートルほどの穴がいきなりボコボコと泡立ち熱湯を20メートルくらいの高さに噴き上げる。あたりは一瞬まっ白な蒸気に包まれ何も見えない。突然始まり突然終わってお湯の溜まった穴に戻ってしまう。噴き出す間隔はまちまちなので傘を差しながら10分以上もジーッと待つこともある。3回ほど噴き出しを見てオフロード走行に出かけた。

ほとんど草木がない小石だらけの荒れた丘陵地帯には、大きな水溜まりや氷河から流れ出た小川がいくつも流れている。そこを目がけて巨大なタイヤのジープで突っ込んで行く。バッシャーと大きな水しぶきが上がり一瞬まわりが見えなくなる。ディズニーランドのスプラッシュマウンテンに乗っているようだ。1時間ほどバッシャーを繰り返し少しあきたところで最新の地熱発電所に案内された。

アイスランドは北アメリカプレートとユーラシアプレートから生成される大西洋中央海嶺が国土のまん中を貫き年間2センチずつ東西に広がっている。日本はプレートがぶつかり合って沈み込むがその逆で、プレートが湧き上がる地殻の裂け目に位置しマグマが地表の近くまで来ている。

見学した地熱発電所の発電方式は、深さ3000メートルの穴を掘り氷河から流れ出る豊富な水を注入して一瞬で噴出する大量の水蒸気を使いタービンを回す。この国では、化石燃料を使わずほぼ100パーセント自然エネルギーで電力がまかなわれているそうだ。そのうち地熱発電が約4分の1で残りの4分の3は水力発電だという。

極地用のタイヤをつけた巨大なジープ。

いまや世界で唯一化石燃料を使わずエコな動力で生活している国として日本をはじめ各国から使節団が来るそうだ。しかし、実際には雪と氷に閉ざされたみじめな国で人口が減り続け、オイルを買うお金もなくなり1983年から試験的に細々と地熱発電の研究を始めたそうだ。その後、二度の湾岸戦争を経て、また地球温暖化の影響を受けて国際的に最も進んだ国の在り方だとして注目されるようになったということだ。個人的には氷河から大量に流れる水と火山性の地熱と、少ない人口の3つの要件があるからこそなし得る方法であり、ほかの国のモデルにはならないのではないかと思う。

ホテルに帰る途中、車窓からレイキャビクの町並みを眺めてぼんやりとそんなことを考えていた。あしたはこの国を後にする。スコットランドのグラスゴー国際空港を経由してチェコのプラハまでの飛行だ。

ストロック間欠泉。

２つの大陸プレートの裂け目。少しずつ広がっている。

地熱発電所のタービン。

極寒の地から文化香るプラハの街へ

「グラスゴーの空港が吹雪で閉鎖になった。出発を伸ばすことはできない。給油するほかの候補地を探そう」

ホテルのロビーに集まり朝のミーティングが始まるとテリーさんが渋い顔で言った。エアジャーニー社のホームページから天気図を開くとスコットランドの上空は筋状の厚い雲に覆われ寒冷前線が停滞している。

「行ったことはないがノルウェーのスタヴァンゲルはどうだろう」

ダグさんが提案し位置を確認してみた。スカンジナビア半島の南部、北海をはさんでスコットランドの対岸にある港街だ。レイキャビクからの距離はスコットランドと同じくらいで空港も海岸線に面し着陸は簡単そうだ。

「誰も行ったことがない空港だが着陸可能か聞いてみる。許可が下りたら飛行コースの変更、出入国の申請、給油の手配をする」

そう言ってテリーさんが動き出した。急に予定を変更するのは大変な事務作業がともなう。個人ではとても処理しきれない。やることが多すぎて、いざ飛べるようになったときには疲れ果てて操縦に集中できなくなる。それを一手に引き受けてくれるエアジャー

強風の中、一番機がノルウェーから離陸する。

プラハのホテルの部屋。久しぶりの一流ホテル。

ニー社には感謝した。

1時間ほどメールや電話で連絡していたテリーさんが戻って来た。

「すべての準備ができました。みなさんスタヴァンゲルに向けて出発しましょう」

レイキャビク空港を飛び立って2時間、スタヴァンゲルの空港に近づき高度を1700メートルに下げると雲の中に入った。パラパラとアイシングが始まり除氷装置をオンにする。だいぶ気温が低いようだ。着陸して指定された駐機場に入れると、航空会社の乗務員が待機するような待合室に通された。給油するだけで入国しないためターミナルビルには入れない。外は低気圧の影響で強風が吹き小雨が降っている。殺風景な待合室の小さな窓からボーッと外の景色を眺めた。滑走路とその向こうに広がる北の荒れた海のほかには何も見えない。行きがかり上ノ

プラハの旧市街。

ルウェーという国に寄ってはみたが印象に残ったのは小さな窓、滑走路、荒れた北の海だけだった。

　1時間ほど待たされて全機の給油が終わりプラハに向かった。北海を渡りドイツの上空を通過して約2時間のフライトである。強風にあおられながら小雨の中を離陸、雨雲の上に出た。ドイツの空域に入るとこちらから管制官に交信した。通常、空域を管理する管制官が代わるとパイロットから連絡を入れ、機体番号と飛行高度を伝える。すると了解したという意味の「ラジャー」という返事が返ってくる。そこからはバトンタッチした管制官がレーダーで見て安全確認をしてくれる。これは必ずしなければならない重要なやり取りだ。

　最初のひと言は礼儀として「グーテンターク」とドイツ語であいさつした。日本で飛行しているとき外国人の機長が「コンニチハ」とあいさつしているのを聞いて気持ちのいいものだった。それをまねてみた。次からの交信は英語になったが、なんとなく会話がスムーズに感じられた。

　プラハの天候は晴れ、ルズィニエ国際空港に無事着陸した。気温は8℃で極寒の地を飛んで来たからぐっと暖かく感じられる。これから先はもう寒い地域を飛ぶことはない。防寒服や手袋など極地用の衣類は1個のトランクにまとめて格納庫の奥に押し込んだ。

プラハの街並み。

プラハの教会。

二度と降ろすことはないだろう。

空港からタクシーで宿泊するマンダリン・オリエンタル・プラハに向かった。車窓から見る街は古い建物がきれいに並び緑も多く美しい。グリーンランドやアイスランドの荒れ果てた極北の地とはだいぶ違う。ホテルも14世紀の修道院を改装したもので五つ星がつく一流だ。部屋も広くゆっくり荷物を広げられる。やっと文明社会に戻ってきたような気になった。予定ではプラハに3日間滞在する。日本を発ってから環境の激変と緊張の連続でほっとひと息つく暇がなかった。文明社会の一流ホテルでのんびり休養をとれるのはありがたい。特にきょうは疲れた。実際の飛行時間は4時間だが飛行コースの変更などアクシデントもあり、出入国の手続きや荷物の運搬などで休む暇がなかった。早朝から夕方までずっと移動ばかりだ。そのうえアイスランドとチェコでは時差があり時計の針を1時間進めなくてはならない。1時間よけいに動いていたようで気持ち的にがっくりきた。早めに寝てあしたは一日ホテルでのんびり過ごしたい。

一日ゆっくり休んだおかげで気力も体力も回復、翌日の5月15日はガイドの案内でプラハ市内を観光した。

プラハの街は1000年の歴史がある。第1次世界大戦と第2次世界大戦の戦禍による被害も受けなかった。街にはロマネスク建築から近代建築までさまざまな建築様式の

同行機の紹介

Mustang N42WZのジェリーさんと奥さんのローリーさん。いつも一番高い40000ft近くを飛びたがり、67歳ですがコロラドの山歩きで鍛えた強靭な体力を誇ります。こちらの習慣に従って奥さんの年齢は聞いていませんが、多分半分くらいです。今回の中でただ一人の女性パイロットで、この女性に530時間くらいでジェットパイロットになった人を初めて見たし、さらに530時間くらいで世界旅行に来ている人も初めてみたとからかわれました。

そんなことを言ったってジェット機を買えるようになるまで人生いろいろと忙しかったんだよ！と思うが説明が面倒なので笑って聞き流しました。

TBM700C-GBCOでカナダ人のローンさんと奥さんのリンさん。4人の孫がいるというが190cm近い大男でまことに人がいい。元ホンダのディーラーをしていたという。

Mustang N510KBのダグさんとエーリさん。13歳と6歳の女の子を連れて旅をしています。下の女の子が活発にみんなの間を飛び回って愛嬌を振りまいてとてもかわいい。ドバイからもう一人ディロン君が学校の関係で遅れて参加するという。

建物が建ち並び「ヨーロッパの建築博物館の街」として世界遺産にも登録されている。

歴史的にはユダヤ人の入植、旧ソ連の侵攻によるスロバキアとの合併、東欧の社会主義国に編入など複雑だ。特に旧ソ連時代はＫＧＢの監視下に置かれ最悪の警察国家になった。当時を忘れないよう共産党ミュージアムが造られているというが、ガイドの説明は英語で詳しいことが理解できない。街を歩くと古い石畳の狭い路地や路面電車、「百塔の街」と言われるように尖塔のある建物が多く映画『ハリー・ポッター』の世界に入り込んだようだ。

地中海のイビサ島までヨーロッパ大陸を一気に縦断

明けて5月16日、プラハから地中海に浮かぶスペインのイビサ島まで飛ぶ。飛行コースはチェコ、ドイツ、オーストリア、イタリア、フランス、スペインの６カ国にまたがり航続距離は１５００キロに及ぶ。

朝のミーティングで途中、時速56キロの向かい風が吹いていると知らされた。向かい風の影響で空中での飛行距離は長くなる。燃料がギリギリで持つかどうか心配だ。協議の結果、燃料が足りなくなったら１６０キロほど手前にあるメノルカ島に着陸して給油することになった。

曇天の中、プラハのルズィニエ国際空港を飛び立つと燃料を節約するためダグさんから教わった急角度で上昇してみた。操縦桿を引き角度を上げると重力がかかりシートに背中を押しつけられた。プロペラ機でゆっくりと上昇、下降をしていた自分にとっては慣れずに落ち着かない。この上昇の仕方は慣れないが、あっと言う間に高度1万メートルに達した。眼下には白い雲が一面に広がりヨーロッパの大地を覆っている。

航空図を確認しながら飛行を続け、オーストリアに差しかかると遠くに雲の絨毯から頭を出したアルプス山脈の白い峰々が視界に入った。山脈を飛び越えイタリア側に入ると雲一つない快晴で地表のパノラマが一気に広がった。山脈の北と南ではこれほど天気が違うのかと驚かされる。

雲の切れ間から見る、アルプス山脈。

やがてアルプスの裾野に広がるミラノの市街地が見えてきた。ミラノの街をはさむように2つの空港がはっきり確認できる。右側の大きいほうがミラノ・マルペンサ国際空港で左側の街に近いほうはミラノ・リナーテ空港だ。カナダのケベックを出発してから雲に邪魔されて一度も地上の景色を眺められなかった。しばらくは極上の特等席で下界の景色を楽しむことにした。

ミラノから南下を続けると前方に地中海の青い海が広がった。しばらくするとフランスの港街マルセイユの上空を通過して地中海に飛び出した。青い空と青い海以外は何も見えない。目的地のイビサ島まであと500キロ、向かい風も弱く燃料は十分もちそうだ。途中給油なしで、このまま予定どおりイビサ島まで飛ぶ。やがて遠くに島影が見えた。バレアレス諸島の一番北に位置するメノルカ島だ。近づい

アルプスを越えると天候が一変し、地上がみえるようになった。ミラノの市街地。

ていくとメノルカ島の倍くらいはあるマヨルカ島が見え、その先にイビサ島が霞んでいる。3時間もかかった長距離飛行もあとひと息だ。

イビサ島に近づき管制官に連絡をした。管制官の誘導どおり降下、滑走路が視界に入り着陸態勢をとると高度が2700メートルもある。普通は高度700メートルくらいで誘導するのに常識では考えられない高さだ。急降下しなければ着陸できない。急降下すればスピードが上がり着陸してもオーバーランで地面に激突する。スピードを落とすためスロットルを絞りスピードブレーキを立て車輪を出し空気抵抗を利用して減速、滑走路の端ギリギリのところで止まった。

管制官はいったい何を考えているのか。レーダーが狂っていたのか、どうしてこういう危険な降ろし方をするのか確認する方法はない。あとで後続機の

目的地のイビサ島。

キャプテンに聞いたところ同じような降ろし方をされて焦ったと言った。世界にはいろいろな空港があり管制官もさまざまだろう。管制官だからといって全幅の信頼をおくことはできないと肝に銘じた。

イビサ島は島全体が世界遺産に登録されヨーロッパ有数のリゾート地になっている。半袖で歩けるほど気温が高い。今朝まで寒さに震えていたことを思うと嘘のようだ。イビサの街は小高い丘になった中心部が城壁で囲まれている。城壁の中に入ると通りにオープンテラスのレストランが並んでいる。いかにもリゾート地らしい雰囲気だ。レストランに入り通りを行き交う人を眺めながらシーフードを食べた。暖かい日差し、爽やかな風、いっときのバカンス気分を味わう。

食事のあとホテルに帰りすぐに寝てしまったが、夜の観光に出かけた連中もいた。聞くところによる

ロブスターもでかい。

とこの島は別名パーティーアイランドと呼ばれている。若者たちが乱痴気騒ぎをする有名なクラブが何軒もあるそうだ。ほとんどが泡やレーザーを使った派手な演出が売りで、なかには収容人数1万人以上で世界最大のクラブとしてギネス世界記録に登録されているのもあるという。

翌日はみんなで観光船に乗り、近くにあるフォルメンテラ島へ海水浴に出かけた。海岸のレストランで鯛の岩塩焼きやロブスターを食べ赤ワインを使ったスペイン名物のカクテル、サングリアを飲んだ。まだ海水は冷たいが浜辺にデッキチェアを並べ、ほろ酔い気分で昼寝をした。温かい太陽の日差しが嬉しい。

翌日の5月18日はイビサ島からグラナダまでの飛行だ。同じスペイン国内で距離は440キロと短い。40分ほどで着ける楽なフライトだ。ムスタングを駐

鯛の岩塩焼き。サングリアを飲んで酔っ払った。

宮殿からみたグラナダの町。

グラナダの町。

機場から出し管制官に指定されたコースを入力するが、そのコースのデータがコンピュータに入っていないようで画面に出てこない。離陸時間が迫っているためマニュアルで飛ぶことにした。

離陸コースを確認すると、離陸してまっすぐ上昇し高度1000メートルに達したら空港を中心にして半径16キロの半円を描いて旋回、その後、機首をグラナダに向けて飛行せよとある。やれやれと思った。プロペラ機と違いスピードが速いジェット機では正確な距離を保って半円を描くのは難しい。それも中心になる空港を目で確認しながら半径16キロの長い距離を保って旋回するのはオートパイロットにしかできない仕事だ。それでも勘に頼ってやるほかない。離陸して高度を上げ旋回に入った。

「ちょっと待って、そんなに早く旋回したら空港の真上に戻っちゃうよ」

アルハンブラ宮殿のバラ庭園。チケットをとるのが大変なほど人気の庭園。

テリーさんが笑いながら言った。気がつかなかったが膝の上にはiPadがあり、手にはスマホ型のナビゲーションシステム「ガーミン796」を持っている。それを見ながら位置を確認しているようだ。それらの機器には位置情報が出ているようだ。これは一本取られた。何事にもバックアップ機能は必要だ。これからは気をつけよう。なにはともあれテリーさんのナビシステムを頼りに旋回しグラナダに向かった。

地中海からイベリア半島に入りスペイン本土のシエラネバダ山脈を越えると、ゴツゴツとした岩山の麓にグラナダの街が広がっていた。街の上空を通過すると田園地帯の中にぽつんと1本の滑走路が見えてきた。グラナダ空港だ。着陸態勢に入る直前、管制官が「上空で旋回して待機せよ」と指示した。先行機が着陸待ちでつかえているようだ。旋回して待機する場合、管制官が指示した高度とコースを守らないと同じ待機中の飛行機と衝突する危険がある。ところがまたもやオートパイロットに指定された旋回コースが出てこない。仕方なくテリーさんのナビシステムを頼りに旋回、ようやく着陸することができた。この日の飛行で操縦技術を含め自分の未熟さを痛感した。はじめは楽な飛行だと高をくくっていたが、実際に飛んでみると冷や汗の連続だった。この経験をキャリアアップにつなげていきたい。

グラナダといえばアルハンブラ宮殿が有名だ。翌日の観光はこの宮殿をメインにした。

街の中心部から見ると緑に囲まれた岩山の上に石造りの白い城塞が建っている。石畳の細い道を抜け急な坂道を上ると壮大な城門がある。中に入るとイスラム文化とヨーロッパ文化が融合した建築物が連なり不思議な雰囲気が漂っていた。バラが咲き乱れる庭園が美しい。時のたつのを忘れ一日のんびりと過ごした。宮殿からの帰り道、坂を下って振り返って見上げると、アルハンブラのスペイン語の意味「赤い城」と言われるように城塞が夕日に照らされオレンジ色に輝いていた。

アフリカ大陸の砂漠を越えマラケシュの街へ

朝のミーティングに集まったキャプテンたちは全員パイロットの制服を着ている。これからグラナダ空港を離陸してモロッコのマラケシュまで飛ぶ。モ

アフリカ入国に備え、全員パイロットの制服を着る。

ロッコは入国審査が厳しく、ビザを取って正規の手続きを踏むとかえって手間がかかる。入管で怪しいとにらまれたら足止めを食らいかねない。

国際線のパイロットや乗務員はいちいちビザを取らなくてもパスポートだけで入管を通れるクルー専用の通路がある。私たちも小型自家用機とはいえパイロットと乗組員の集団なのでビザ免除の権利はある。しかしジーパンにTシャツ姿ではパイロットだと言っても通用しない。特にモロッコのようなイスラム系の文化が根付いた国では、いくら説明しても相手にされないだろう。外見がものを言うのだ。

これから先、南ヨーロッパから中東の国々を回る。いつパイロットの制服が必要になるかわからない。そのため世界一周に出発する前の準備として参加者全員に制服を作るようテリーさんから指示されていた。もちろん家内も両肩に3本線の入った徽章《きしょう》を付けどういうわけか副操縦士の制服を着ている。ダグさんとエーリさん夫妻の13歳と6歳のお嬢さんも制服姿だ。ちなみにキャプテンを表す制服は肩の徽章《きしょう》に4本の線が入っている。家内が浮き浮きした表情をしている。どうもパイロットの制服が気に入ったようだ。女性は制服に弱いと言うが確かにそのとおりだ。

出発前、一度部屋に戻りパソコンのメールをチェックした。1万メートル以上を飛行する免許が取れたとの知らせが入っていた。これで高空を自由に飛べる。早速きょうの飛行から試してみよう。

グラナダ空港に着き出発の準備を整えると管制官から離陸の許可が出て一気に上昇した。離陸前にレーダーで確認したところ前方が赤く表示され大きな積乱雲が発生している。雲に突っ込む前に高度を上げ積乱雲の上を飛び越えたい。提出した飛行コースからはわずかに外れるが右に旋回しながら高度を上げ1万2000メートルで積乱雲の上を通過した。わずかにずれるだけなので管制官からの許可は取らなかったが、日本ではすぐに注意される飛び方なのだろう。こちらでは何も言ってこないので比較的緩やかだ。日本のように空域が混み合っていると雲を少しよけるだけでも管制官に許可をもらわないと注意される。それにくらべてスペインは規制が緩やかだ。

高度1万2000メートルで水平飛行に移った。

ジブラルタル空港。本来寄る予定だったが強風のため見送った。

ジャンボ旅客機の飛行高度がだいたい1万メートルだからそれよりも高い。ここまで高度を上げると景色の見え方がだいぶ違う。地球の丸味がはっきりわかるような感じだ。眼下には乾燥したアンダルシアの大地と、ところどころにグリーンのオリーブ畑が点在して見える。やがてヨーロッパ大陸とアフリカ大陸を分断するジブラルタル海峡が見えてきた。スペイン側から小さく尖った半島が海に突き出ている。イギリス領のジブラルタルだ。

ジブラルタルは地中海の出入りを抑える戦略的要衝の地で18世紀にイギリスが占領した。それ以来、スペインともめ続けているが手放していない。土地が狭く南北に5キロ、東西に1・2キロしかなく半島の大半を「ザ・ロック」と言われる海抜400メートルの巨大な岩山が占めている。

当初の飛行プランではジブラルタル国際空港に

アフリカの赤土の大地。空港周辺だけが緑。

赤いマラケシュ空港の管制塔。

ラ・マムーニアホテルの玄関。

寄ってからマラケシュに行く予定だった。ところが気象チェックをしてみると風が強く取りやめになった。岩山に風が当たり複雑な乱気流を発生させるからだ。着陸態勢に入ってからもレーダー誘導はなく目視で着陸する。このためジブラルタル国際空港はヨーロッパで一番危険な空港と言われている。空港には1600メートルの滑走路が1本しかなくまん中を4車線の道路が横切っている。航空機が離発着するたびに踏切のように遮断され車も歩行者も待たされる。いろいろ危険そうだが一度は降りてみたい空港だった。

ジブラルタル海峡を抜けモロッコに入ると地上の景色が一変した。どこまでも赤茶けた大地が続いている。文明の匂いが感じられない荒れた未開の砂漠地帯の印象だ。やがて壁のようにそそり立つアトラス山脈の山並みが見えてきた。最高峰のトゥブカル

ラ・マムーニアホテルのプールサイドでの食事。

山は標高4165メートルもあり、上空からは山の近くの麓にぽつんと緑に囲まれたオアシスのようなマラケシュの街が視界に入った。

高度を下げると市街地のまん中を貫く滑走路が見えた。人家に近すぎて危険はないのか心配になるほどだ。ここはアフリカのイスラム国、なんでもありなのだろう。着陸態勢に入ると管制官から「旋回して待て」と指示があった。

これからいつまで待たされるかわからない。入管もうまく通れるか不安になった。ゆっくりとマラケシュの上空を旋回し始めると「着陸せよ」と管制官が連絡してきた。まだ半分も旋回していないのにラッキーだ。誘導電波をとらえてスムーズに着陸できた。駐機場に入れてターミナルビルに行くと入管もフリーパスでまったく問題なし。パイロットの制服の神通力を思い知った。

ホテルの部屋からのながめ。

マラケシュには3日間滞在する。宿泊するのはアフリカ大陸でも一番豪華なホテルと言われるラ・マムーニアだ。モロッコは1956年に独立するまでフランスの植民地だったことからフランスの影響が色濃く残っている。ラ・マムーニアはパリのデザイナー、ジャック・ガルシアの設計で1923年に建てられ、その後何度も改修工事が行われている。アラベスク様式のタイル張りが美しく、広大な敷地にはナツメヤシなど緑の木々が生い茂りテニスコートやプールもある。部屋に入るとモダンでエキゾチックな雰囲気にあふれスペースも広い。荷物を置きロビーに集合すると有名なマジョレル庭園の見学に出かけた。

タクシーに乗って街に出ると道幅は広いのにセンターラインがない。車、オートバイ、自転車、馬車、歩行者が好き勝手な方向に動き回っている。交

町中の道にセンターラインがない。皆が好きな方向に走っている。

通ルールは存在しないのだ。こんな走り方をしたら事故が起こるだろうと心配したら案の定、3日間の滞在中に2回も大きな事故を目撃した。

街の建物は3階建てから5階建てで砂漠の土を固めたレンガで造られている。砂漠の土を使っているので街全体が赤茶けて見える。古くからある旧市街地は世界遺産にも登録されているが、いろんなものが混ざり合ってゴチャゴチャだ。ベルベル語でマラケシュは「神の国」の意味だが、この神の国は混沌としていた。その混沌の中に神の国の美しさを見せてくれたのがマジョレル庭園だった。

マジョレル庭園は1920年代にフランス人画家のジャック・マジョレルが造園した熱帯植物園で池には錦鯉も泳いでいる。住まいとなる家屋の外壁はマジョレル・ブルーと言われる深く濃い青色で塗られ植物園の緑とマッチしている。1980年にイヴ・サンローランとパートナーのピエール・ベルジュが買い取り改装、その後サンローランは71歳で亡くなるまで晩年の多くの時間をここで過ごしたという。庭園内にはサンローランの遺灰がまかれ、その上にモニュメントが建てられていた。

ホテルに戻るとキャプテンたちと伝統的なハーマン・マッサージを体験することで意見がまとまった。ホテルの地下にあるスパに降りると大理石の柱に囲まれた古代ローマ風呂のような浴場がある。受付の女性にマッサージを頼み薄暗い個室に案内された。

マッサージをしてくれるのはベールで顔を半分隠したなまめかしい女性だと期待していたが、ヌーッと現れたのは上半身裸で胸毛がモジャモジャに生えた筋骨隆々の大男だった。裸になりバスタオルを腰に巻くとゴツゴツした手で全身をオイルマッサージされ、そのあと石鹸でゴシゴシ洗われた。肌がヒリヒリして痛い。マッサージと洗体が終わるとバスタオルをはずし壁に向って立たされた。いきなり後ろから熱いシャワーの湯をかけられ、次に両手を上げてスッポンポンで前を向かされた。またもや全身にシャワーをかけられ「ハ～イ、一丁上がり」という感じで終了である。

赤土でできたモスク。毎日４回大音量でコーランを流す。

日本人だから人前で裸になるのは慣れているが銭湯などと違い、いかつい男と二人きりでは恥ずかしくなった。あとでほかのキャプテンたちに聞いてみると同じような扱いを受け「あんな屈辱的なことは生まれて初めてだ。二度とやらない」とかんかんになって怒っていた。

夕食のときモロッコから参加するフランス人のルイ・アラン・デュモンさんとアンヌ・マリー・デュモンさんを紹介された。食事中の雑談でわかったことだが二人はすでに離婚しているがどういうわけか仲よく参加、部屋は別々に取ってあるそうだ。ルイさんはかつて救急病院の経営者で外科医だったと言う。子供がいないため病院を売却して悠々自適の生活らしい。乗っているのは単発プロペラ機のTBM700だ。

夕食のあと部屋に戻りテラスから外のようすを眺

スークと呼ばれる市場。蛇使い、猿使いがいた。何でも10ドル要求された。

めた。薄暗闇《うすくらやみ》の中、緑のナツメヤシに覆われた広大な庭園が広がり、その向こうに高さが77メートルもあるイスラム教の巨大なモスクが建っている。このモスクが問題となるとは知るはずもなく、やっと一人になりマラケシュのエキゾチックな旅情を味わった。ここは日本から遥か離れた地球の裏側、アフリカの西端にある砂漠の街だ。日本からの直行便はなく、パリで乗り継ぎカサブランカで降りて陸路でマラケシュまでやって来る観光客もいると聞いた。自家用機での世界一周は目まぐるしく街も人も文化も変わっていく。そんな思いを胸にベッドに入った。

「アッラ～ッ、ナントカ～、カントカ～ッ」

祈りの声が大音量で隣の巨大なモスクから響き渡りたたき起こされた。まだ外は薄暗い。恐る恐る時計を見ると朝の5時だ。熟睡中を起こされたから意識がボーッとしている。きょうは一日観光なので朝寝坊ができると楽しみにしていたが、この大声で起こされたら再びベッドに入っても眠りにつくことはできそうにもない。

お祈りならもっと静かにしてもいいだろうに……。ホテルにいる異教徒の客が起きようが起きまいが関係なく朝のお祈りはアラーの神に届くよう盛大にやるようだ。昨夜寝る前に考えたことの続きになるが、世界を飛び回ることは単に距離を移動するのではなく異なった習慣、価値観を体験して味わうことなのだとはっきり認識させられた。

「プリーズ、テンダラー！」

「ＯＫ、テンダラー！」

「ギブミー、テンダラー」

城壁に囲まれた旧市街のジャマエルフナ広場には、なんでもかんでも10ドルの声が飛び交っていた。広場にはスークと呼ばれる市場があり蛇使いや猿回したちがたむろしている。観光客が写真を撮ると10ドル、コブラに近寄って見ると10ドル、猿を肩に乗せると10ドル、ヘビを首に巻くと10ドル……。視線を合わせたら「なんでカネを払わないんだ」と因縁をつけられそうだ。5、6歩下がってはすから覗き込むようにして観察した。これならカネを要求されても知らん顔して逃げられる。蛇使いや猿回しは特に変わった芸を見せるわけでもなく10ドルも取るわりにはおもしろ味に欠けていた。

市場には露天の店が軒を連ねあらゆる品物を扱っている。雑貨、衣類、絨毯、肉、野菜、果物と数え上げたらきりがない。屋台では尖った蓋のついた土鍋で煮込んだタンジという料理を食べた。羊肉の匂いが強くて辛くひと口でやめた。市場の中は強い香辛料の香りが立ちこめ、さながらアメ横のアラブ版といった感じだ。

夕食はベリーダンスのショーが楽しめるアラブレストランに繰り出した。ダンスフロアの前にあるテーブル席に着くと野菜や肉を盛った小皿料理が次々に運ばれてきた。どれもスパイシーなだけでコクがなく味はイマイチだ。

そのうち大柄で肉感的なベリーダンサーがおなかの肉をプルプルさせながら踊りだした。鐘や太鼓に合わせアラブ風の音階で歌う声が響き渡りオリエンタルムードいっぱいだ。そのうちダンサーに誘い出されてみんな一緒に踊りだし大いに盛り上がった。

「モロッコの夜はこうでないといけない」

ハーマン・マッサージで屈辱を味わったキャプテンたちも満足していた。

地中海のマルタ島への長距離飛行

5月23日はマラケシュから地中海のまん中にあるマルタ島まで飛ぶ。問題は飛行距離の長さだ。フライトプランどおり飛べばモロッコからアフリカ大陸のアルジェリア、チュニジアの上空を通過してマルタ島まで約2000キロある。天候は晴れでマルタ島に向かって強い追い風が吹いている。この風に乗れば燃料を節約でき給油なしでも届くかもしれない。もし燃料切れを起こしたらチュニジアで給油すればいい。

ところが朝のミーティングに集まったキャプテンたちはフライトプランに渋い顔をした。燃料切れの場合、チュニジアで給油の案がのめないようだ。チュニジアは2010

年12月に民主化運動のジャスミン革命が起こり政権は転覆、その後リビア、エジプトを巻き込んだアラブの春の起爆剤になった国だ。まだ政情が不安定で反米感情も強い。このためアメリカ人たちは行きたがらないのだ。

反対意見の多いなか直行コースを飛ぶと言ったのはモロッコから参加したフランス人のルイさんだった。エンジンが一つしかないプロペラ機のTBM700は双発ジェット機にくらべて燃料消費量が少なく十分マルタ島まで飛べると言う。一方、危険を冒したくないジェット機組のキャプテンたちは遠回りになるが一度、スペインのイビサ島に戻って給油をしてからマルタ島に向かうコースを選んだ。さっそくテリーさんはイビサ島での給油の手配を始めた。

どうやって飛ぶのかそれぞれのパイロットの判断にまかせているのが面白い。日本人のグループ飛行なら別々に勝手な行動をすることは許されない。コース変更や給油には大変な手間がかかるし「みんなで一緒に行こうよ」という大勢に押されグループ行動をとることになる。それがこの外国人のグループは自由に自分がやりたいように行動する。エアジャーニー社の給油の手配など当然だという顔で注文をつける。その自由さが日本人からするととてもおもしろい。本音を言わせてもらえればムスタングの航続距離に不安を感じていた。いざとなればチュニジアに降りればいいと高をくくっていたが実情は危険な国だと思う。ムスタングの仕様書には最大2130キロまで飛べるとなっているが、これまで飛んできた実感では満タンにしても安全な航続距離は1500キロがいいところだろう。イビザ島での給油はベストな選択だ。これで安心して飛べる。

マラケシュのメナラ国際空港を離陸するとすぐに管制官が交代して急に飛行コースの変更を指示してきた。上昇中の一番忙しいときに複雑なコース変更だった。理由はわからないが管制官には逆らえない。副操縦士役のテリーさんがコース変更のデータを入力、おかげで私は操縦に専念でき水平飛行に移った。一人ではてんてこ舞いでうまくやれたか自信がない。

飛行コースはモロッコに来たときとは違いジブラルタルを通らず地中海を北上するようにイビザ島に向かった。途中、スペインの海岸線に沿って飛行す

NAVのガーミン。2つの島がまん中にみえる。上がコルシカ島、下がサルデーニャ島、南端まで燃料が足りて安全に飛行できる範囲を示す線の円がかかっている。

るとシエラネバダ山脈の雪をいただいた白い峰々がくっきりと見えた。行きとは違い反対側から見るシエラネバダ山脈は壮大な景観を見せてくれた。やがてぽつんと海に浮かぶイビサ島が視界に入った。一度降りた空港なので余裕をもって着陸、駐機場に入れるとすぐに給油車が来た。

イビサ島からマルタ島までは地中海上を約1200キロ、2時間ほどの飛行で着ける。これから行くマルタは小さな3つの島からなる独立国で、面積は東京23区の半分くらいしかない。一番大きい島がマルタ島でマルタ国際空港もここにある。世界遺産にも登録され、その歴史は紀元前から続いている。ガイドブックによると、どうも猫が多い島らしい。人口が40万人ほどなのにその倍の80万匹はいるそうだ。1989年にはソ連のゴルバチョフ書記長とアメリカのブッシュ大統領が冷戦終結に合意した

頂に雪をかぶったシエラネバダ山脈。

有名な「マルタ会談」が行われている。

離陸してオートパイロットを入れ水平飛行に移り操縦桿から手を離し航空図を見ながらマルタ空港への着陸の仕方を研究した。マルタは平坦な島で岩山など邪魔するものがない。空港には2500メートルと3500メートルの2本の滑走路がある。たぶん短い方の滑走路に誘導されるから進入コースは……と考えていたとき、突然オートパイロットが外れ機体が大きく右に傾き警報音がプープープーと鳴りっぱなしになった。大あわてで航空図を放り出し操縦桿を握った。すると副操縦席からサッと手が伸びてきてポンポンとボタンを押して姿勢を立て直した。どうやら航空図を見ているうちに誤ってオートパイロットのボタンをオフにしたようだ。慣れからくるうっかりミスを犯してしまった。テリーさんは「前にも同じようなことがあった」と苦笑いしてい

コバルトブルーの地中海に浮かぶマルタ島。

る。さすが飛行時間4000時間のベテランだ。テリーさんがいなかったらオートパイロットの故障だと思い込み、自分で操縦してマルタまでひやひやしながら飛行を続けたはずだ。やれやれ助かった。

上空は雲一つない快晴で空気が澄みきっている。このあたりは地中海性気候で冬に雨が多く夏は乾燥する。ちょうど初夏にあたるこの季節は一番空気がきれいな時期だ。紫外線よけのサングラスを外すと一面、まばゆいばかりのコバルトブルーの世界が広がった。空の青と海の青が融合して境目がまったくわからない。360度青一色でほかには何も見えない。やがて青色のまん中にぽつんと点が現れた。点はだんだん大きくなり島の形になった。ふんわりと空中に浮かんでいるようで天空の島、マルタという表現があてはまるような美しさだ。

景色に見とれロマンチックな気分に浸っていると

マルタ島への着陸。左側からの強い横風のため機首を左に向けたまま着陸態勢に入る。

強い横風が吹いてきた。島の標高は一番高いところでも250メートルしかないが、ぽつんと島が海の上に飛び出しているため乱気流が発生しやすい。高度を200メートルに下げ着陸態勢に入ると上下、左右に激しく揺さぶられた。あらゆる方向から風が吹きつけバランスを取るのが難しい。それでも滑走路のセンターラインの真上にタッチダウン。我ながらうまいもんだと一人悦に入った。

宿泊先のホテルに入るとマラケシュから直接飛んできたルイさんが待っていた。上空の追い風は思ったほど強くなく4時間30分かかってようやく到着したと言う。燃料は200ポンド（約90キログラム）しか残らなかったそうだ。やはりイビサ島経由で正解だった。直接飛んだら燃料切れは間違いなかった。

翌日、島内観光に出かけた。どこを見てもギリシャ神話の世界そのままで、巨大な映画のセットに入り

ホテルからのマルタの町並。

込んだようだった。港に浮かぶ小島の城壁からはいまにも古代の戦士たちが飛び出してきそうだ。

首都のバレッタは城の街と言われるくらい大きな石造りの建物が多い。その中でひと際目を引く聖ヨハネ大聖堂に案内された。荘厳な建物の中でライオンが描かれたマルタ騎士団の紋章を見せられたが、ガイドの説明は英語でわかりにくい。歴史の勉強はもういい。大聖堂のスケールの大きさに圧倒されながら黄金に彩られた祭壇をぼんやりと眺めた。

エーゲ海の楽園サントリーニ島で曲芸飛行

マルタ島で2日間を過ごし5月25日の朝、次の目的地であるエーゲ海に浮かぶサントリーニ島に向けて離陸した。高度を上げ水平飛行に移るとマルタ空港の管制官から飛行コース確認のため「いま、マッ

クロワッサンの形をしたサントリーニ島。まん中を突っ切るようにして飛んだ。

ハいくつで飛んでいるのか」と聞いてきた。

　そんなことを聞かれたのは初めてだったが即座に「マッハ0・5（時速約612キロ）」と答えた。その後、交信はなかったがなんとなく嬉しくなった。これまでプロペラ機のマリブに乗っていたときは管制官から「早く飛べ」とか「後ろに旅客機がつかえている。その機体の最高速度で飛べ」とせかされることが多かった。直接の交信でなくても「前にプロペラ機がいるからマッハ0・4まで減速しろ」と旅客機に指示を出しているのが聞こえてきて屈辱的な思いにさせられたこともある。そんな経験をしているのでステップアップできたような気になり気分がよかった。

　約2時間、1000キロほど飛ぶと遠くにクロワッサンの形をしたサントリーニ島が見えてきた。いよいよ楽しみにしていた世界一夕日の美しい島に

白で統一された建物の中で教会の屋根だけが美しいブルーだった。

ホテルからながめた町並。

プールからのながめも白と青だ。まだとても冷たい。

到着だ。

サントリーニ島は紀元前1600年ごろに火山が大噴火して残された外輪山が海に突き出し三日月型の島を形成した。高度を1200メートルまで下げ島に近づくと、火山岩でできた赤茶けた断崖の上に外壁をまっ白に塗った家々が小さく見える。垂直に切り立った崖の上に雪が降り積もったようだ。その中に青く塗られたドーム型の丸い屋根が見える。サントリーニブルーと言われる美しい青だ。たぶん話に聞いていた教会の屋根だろう。

着陸する前に一度、島の上空を通過して風下に回り込んだ。向かい風を受けるほうが安全に着陸できる。島の周辺に発生しやすい乱気流もなくスムーズに着陸した。

サントリーニ島の家屋は断崖の岩をくり抜いて造る洞窟住宅だ。崖からせり出すように階段状に家が連なっている。宿泊するホテルも天井の低い洞穴形式だったが狭苦しさはまったく感じさせなかった。床、壁、天井が白一色で塗られ清潔感にあふれテラスには海を望むプールが造られている。

プールサイドからの眺めは期待していたとおりの美しさだった。青い空、コバルトブルーの海、赤茶けた崖に建つまっ白な家々、入江には地中海クルーズの豪華船が停泊している。このまま飽きるまでエーゲ海の絶景を眺めていたいと願った。

やがてホテルのスタッフがプールサイドにテーブルを並べ夕食の準備に取りかかった。この旅行でわかったことだが、グループのメンバーはとにかくオープンエアーで食事をするのが大好きだ。それも夕方6時ごろから飲み始め9時すぎまでのんびりと食べる。どこに行っても生活習慣を変える気はないようだ。イビサ島以降マラケシュ、マルタと毎日のように外での食事になった。

準備が整いプールサイドに集まるとみんないつものようにワインを飲みながら景色を眺めて歓談を始めた。赤い夕日が西の海に沈むと急に気温が下がりだした。5月の末とはいえエーゲ海の夜はぐっと冷え込む。まだメインの食事は運ばれてこない。震えるような寒さに耐えかねて、それぞれの部屋から毛布を持ち出し肩にかけたり腰に巻いたりした。それでもまったく動じない。ますます盛り上がる一方だ。

日が沈むと急に冷えるが、毛布をはおって外での食事を続ける。

この時間がとても長く感じられ早く切り上げたいがそうもいかなかった。

仕方なくみんなに合わせワインを飲みながらゆっくり食事をした。当然飲む量も増え酔いが回ってきた。不思議なことに酔ってくると英語が通じるように思え会話についていけた。食事が終わるころになるとすっかり意気投合、冗談を飛ばしながらお開きとなり部屋に入るとベッドに倒れ込んで爆睡した。いつもこの調子で長い夕食に付き合わされるパターンが続いた。

翌日は小型の双胴船をチャーターしてクルージングに出かけた。外輪山の名残であるサントリーニ島の周囲には小さな島が4つある。かつて噴火した火口付近の島は火山活動の影響で温泉が湧いているらしい。日が昇ると急に気温が上昇して絶好の海水浴日和になった。水着の上に短パンとTシャツを着て

チャーターした双胴船。

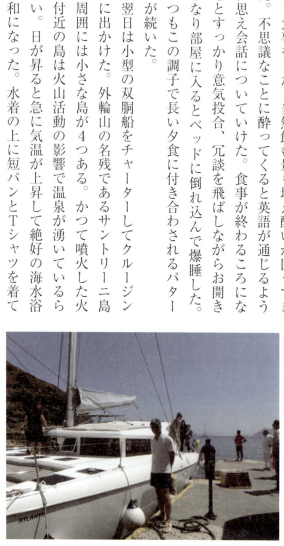

船に乗り込んだ。

一つ目の島、パレア・カメニ島の入江で海に入ると水が冷たく震え上がった。あわてて船に戻りバスタオルで体を拭くと全身に鳥肌が立っている。もう二度と泳ぎたくない。

火口付近にある二つ目の島、ネア・カメニ島に着くとガイド役のクルーが「入江の奥に温泉が湧いている。あそこまで泳ぐと水が温かいですよ」と言った。なるほど100メートルほど先にある入江の奥は海の色が赤茶色に濁っている。確かに温泉が湧いているようだ。二度と泳がないと決めたものの、これも一生に一度の経験だ。なんでも体験してやろうと海に飛び込んだ。その瞬間、ジーンと手足がしびれた。やはり水が冷たすぎる。一瞬後悔したが入江まで泳げば温泉がある。泳ぎは得意だがあまりに冷たすぎてうまく手足が動かない。顔を出した平泳ぎで必死に温泉を目指した。

ようやく赤茶色く濁った入江の奥に入ると海水の温度は「死ぬほど冷たく感じる」から「とても冷たく感じる」に変わった程度で温かくない。大急ぎで船に引き返したが手足が凍えうまく泳げない。かろうじて水面から顔を出して泳いでいたが、体を支えきれず思わず海の中に顔を浸けた。頭がキーンとなるほどしびれ「ヒャーッ」と叫び声を上げガボガボと海水を大量に飲んだ。半分溺れかけた状態でがむしゃらに泳ぎかろうじて船にしがみついた。

それにしてもクルーの話に乗せられて海に飛び込んだのは浅はかだった。冷静に考えれば大きな入江の半分が赤茶色に濁るほど海水を温めるにはマグマが地表近くまでやってこなければ無理だろう。そんな場所は危険すぎて近づけないはずだ。常識で考えれば嘘だとわかることを無謀にも好奇心だけで行動を起こしてしまった。少々反省した。

明けて5月27日、きょうは一日自由行動だ。家内を助手席に乗せレンタカーで島を一周した。島の一番高い場所は海抜369メートルの山の上で古代の神殿や野外劇場の跡が残されていた。ここからは島全体が見渡せる。ホテルのあるフィラの町や10キロほど離れた第二の町イアが島の突端に見える。この2つの町も1956年の噴火でほとんどの建物が崩壊、現在あるホテルや住宅はその後に造られたものだという。海中温泉の水は冷たかったが、いまでも

Boumo 山から滑走路をみおろす。

活発な火山活動が続いているようだ。上空からは火山岩だらけの荒れ果てた島に見えたが、ドライブしてみると野菜畑やぶどう畑がありワインも作っている。

島を半周したところで海岸べりに私たちが着陸した滑走路が見えた。青く澄み渡った上空には航空機の姿はない。暇そうなので見学してみることにした。

「駐機している小型ジェットのパイロットですが中を見せてくれますか」

「どうぞ入って」

管制塔の入口にあるインターホンで聞いてみると簡単に許可がでた。管制室では若い女性が一人でコントロールしていた。

「ゆっくり見ていってください」と言われたが、離発着機の動きもなくボーッとしているだけなのでお礼を言ってすぐに失礼した。ドライブを続け崖の上

レンタルしたジムニー。

のレストランに入った。海に面してテラス席が設けられ眺めがいい。コバルトブルーの海を豪華客船や帆船がゆっくりと航行していく。注文したリブステーキは野球のミットくらいの大きさだった。食べきれそうもないが盛りがいいぶんには文句はない。料金的にもリーズナブルでサービスがよくすべてに満足した。

ホテルに帰るとプールサイドで暇そうにしていたダグさんが声をかけてきた。

「よう、どこに行っていたんだい」

「レンタカーで島内一周、丘の上のレストランで食べたリブステーキがでかすぎて残したよ。味は最高だったけどね」

「レンタカーはもう返したのかい」

「いや、まだ持っているよ」

「それなら空港まで乗せてくれ。暇つぶしにみんな

サントリーニ島の管制室。女性が一人でコントロールしていた。

の頭の上を飛んでやろうじゃないか」

「OK、行こう」

　ダグさんと二人レンタカーのジムニーに飛び乗って空港へ急いだ。途中ダグさんが自分の普段の生活を話してくれた。

「俺はボランティアで沿岸警備隊の活動に参加している」

「どんなことをするんだい」

「ムスタングで上空から密入国船の監視さ。見つけ次第、警備隊に連絡する」

「空からの監視だと密入国船か普通の船か見分けが難しいだろう」

「だから海上すれすれに飛んだり急上昇したりのアクロバットな操縦が必要なのさ」

　ダグさんはとにかく飛ぶことが大好きという感じで話し続けた。空港に着くと先ほど来た時と同じよ

通りがかりの崖の上のレストランに入った。リブステーキがでかい。エーゲ海を見おろしながらの昼食。

ホテルをかすめるように急上昇。

崖の上に白くみえるホテル群。

うにのんびりした雰囲気が漂っている。当分、離発着便の予定もないようだ。駐機場でダグさんのムスタングに乗り込むとすぐに離陸の許可が出た。

ダグさんは離陸するとまっすぐ海上に出て鋭くUターン、島の上空から港に停泊中の豪華客船を目がけて急降下を始めた。キーンという独特のエンジン音を響かせ超低空で客船のマストをかすめるように飛んだ。

「どうだい、みんなびっくりしてバシャバシャ写真を撮っていたぞ」

ダグさんは「カッカッカーッ」と笑いながら再び大きく旋回、今度は海面をかすめるような低空で崖に向かって急接近、崖にぶつかる寸前で岩肌を舐めるように急上昇した。崖の上には民家やホテルがある。昼寝をしていた連中はさぞかし轟音に驚いて飛び起きたことだろう。

ダグさんの操縦テクニックには感心させられたがあまりにも危険すぎる。プロペラ機ならまだしもジェット機は高い上空をまっすぐ高速で飛ぶように設計されている。曲芸飛行には向いていない。同乗していて怖いとは思わなかったが、明らかにやりすぎだ。空港に降りると航空法違反で拘束されるのではないかとひやひやしたが、なんのお咎めもなくホテルに帰れた。

これからまたプールサイドでの夕食が始まる。あしたはこの楽園の島を後にしてトルコのイスタンブールへ飛ぶ。ボスポラス海峡をはさんでヨーロッパ大陸とアジア大陸を分ける文化の交流地だ。どんな街で、どんな人たちが暮らしているのだろうか……。

イスタンブール上空で邪悪な雷雲に遭遇

「テリーさん、この雲、怪しくないですか。予定どおり飛ぶとまともに突っ込むことになる」

「いや、だいじょうぶだろう。ゆっくり飛べば南からの風に流されて到着するころにはいなくなるよ」

離陸許可を待つ間、天気図を見ながらテリーさんに話しかけた。

サントリーニ島からイスタンブールまでは直線距離で600キロ、1時間ちょっとで行ける。天候を確認すると南から雲の塊が移動しつつあり到着予定時刻の午前10時にはイスタンブールの上空にかかりそうだ。それでもテリーさんは気にしなかった。一抹の不安も残ったが、先行機も次々に飛び立って行ったことだし思い切って離陸した。

エーゲ海を渡りトルコの内陸部を横切ると再び海上に出た。内海のマルマラ海だ。あと100キロほどでイスタンブールに着く。高度1万1000メートルから徐々に降下を始めた。すると前方に濃い灰色をした雲の塊が見えた。やっぱりいた。あいつが天気図に載っていた雷雲だ。まだイスタンブールの上空に居座っている。レーダーをオンにすると強力な雨雲を示す赤い影が映し出された。このまま高度を下げていけばまともに突っ込む。無線で先行機にようすを聞くと左に10度よけて比較的雲の薄いところを降下中との答えだった。話のようすでは、それほど危険ではなさそうだ。

先行機が言うように左に旋回して雲の切れ間に突入した。いきなり濃い雨雲に囲まれ暗くて何も見えなくなった。サラサラと機体に氷着する音が聞こえる。スピードメーターを見ると減速しているはずなのに時速４３０キロも出ている。強烈な下降気流に巻き込まれたようだ。上から吹き降ろす風に押されて落下するように高度を下げている。多くの旅客機が地面にたたきつけられ墜落事故を起こした悪魔の風だ。幸い高度はまだ高い。スピードブレーキを入れ除氷装置をオンにした。近くで雷が光り上下左右に激しく揺さぶられる。空中での移動にともない風の向きが激しく変化しているようだ。

揺られながら無線機をイスタンブールのアタテュルク国際空港の周波数に合わせて管制官の誘導を待った。ところがなんとも言ってこない。おかしいと思ったら周波数50のところを53にセットしていた。混乱しているとうっかりミスを犯しやすい。あわてて周波数50に合わせると、怒鳴るような管制官の声が聞こえてきた。雨雲の影響で空港も混乱しているようだ。

管制官から高度、スピード、進入コースの指示が次々に舞い込む。計器を見ながら懸命に指示に従おうとするが気流に邪魔され思うようにいかない。雲に遮られ周囲は見えないが多くの航空機が同じようなコースを飛んでいるはずだ。衝突の危険を想像すると恐怖感が湧いてきた。なんとかしなくてはならない。操縦桿を強く握り締めたところで、ガクンとスピードが落ちた。今度は下から吹き上げる上昇気流に巻き込まれた。管制官の指示したスピードを保つためスロットルを入れパワーを上げた。ようやく高度1500メートルまで下がると雲の切れ間があり揺れが収まってきた。さらに降下を続け高度600メートルで雲から完全に脱出、雨は降り続いているがくっきりとアタテュルク国際空港の滑走路が姿を現した。

これで安心だ。誘導電波をとらえて管制官の指示どおりにタッチダウンした瞬間、次の恐怖が襲ってきた。ブレーキが利かない。雨雲は凄まじいゲリラ豪雨を降らせたようで滑走路に水が溜まりタイヤを浮き上がらせた。着陸時のスピードは150キロ以上ある。急ブレーキをかけるとかえって危険だ。ブレーキペダルを踏んだり放したりして3000メートル滑走路の端でようやく停止した。

危ないところだった。ムスタングを駐機場に入れて機体を点検していると、降り続いていた雨が上がり強い日差しが差してきた。出発をあと30分遅らせれば順調に飛行できたのに……。そう思うと後悔の念が込み上げてきた。これからは周囲の意見に惑わされず自分の直感を信じて飛ぶことに決めた。

ホテルに着くとめずらしく日本人の団体客とすれ違った。これまで宿泊したホテルはいかにもフランス人好みの隠れた高級ホテルという感じで日本人の姿を見かけることはなかった。日本人の団体客がいるということは和食も用意されているはずだ。これは嬉しい。あしたの朝食は久しぶりにご飯とみそ汁にしたい。世界一周に出発して約3週間になるが毎朝、決まってパンに目玉焼きかスクランブルエッグだった。和食にこだわるほうではないが、さすがに飽きて食べる気がしなくなった。あしたの朝が楽しみだ。

部屋に入り夕食前にシャワーを浴びて体重計に乗ってみた。おもしろいことに2キロも減っている。この旅に出てからは夕食にたっぷり時間をかけステーキをはじめ料理をたらふく平らげた。ビールやワインも浴びるほど飲んだ。てっきり体重が増えているものだと思い込んでいたが意外な結果だった。

振り返ってみればパンやポテトの炭水化物は酒のつまみにならないからほとんど手をつけなかった。それが炭水化物ダイエットにつながったのかもしれない。つらい思いをしないで減量できたのはありがたい。それにくらべて同行している外国人のメンバーは巨体ぞろいでよく食べる。痩せたいと言いながらパンにバターやジャムをたっぷり塗り、ポテトにもバターをつけて全部食べ、食後に大きなチョコレートアイスクリームとケーキを食べる。これでは太るのも無理ないだろう。

一夜明けて朝食に念願の白いご飯をいただき市内観光に出かけた。イスタンブールは海峡都市と言われるように街のまん中を黒海とマルマラ海を結ぶボスポラス海峡が通っている。海峡の西側は旧市街地で歴史が古く世界遺産にも登録されている。東側は近代的なビルが建ち並ぶ新市街地だ。よく言われるが、西側はヨーロッパ大陸の端、東側はアジア大陸の端で東西の文化がここで交流している。

初めに見学した「バシリカ・シスタン」は4世紀から16世紀にかけて栄えた東ローマ帝国時代に造られた巨大な地下水槽だ。もともとは地下にあった宮

ボスポラス海峡。手前がヨーロッパ、向こう岸はアジア。

巨大な地下水槽。

逆さになった、メデューサの頭部。

殿を貯水槽に改造したもので高さ9メートル、幅65メートル、長さ138メートルもある。ひんやりとした空気が流れ観光用にライトアップされた地下空間は幻想的な雰囲気にあふれていた。

　薄暗闇の中、目を凝らすと太い大理石の柱を支えるようにメデューサの頭部が逆さまになってはめられている。メデューサはギリシャ神話に出てくる怪物だ。髪の毛がヘビで目を合わせると石に変えられてしまう。いくら地下水槽の改造といっても、どこかの建物の改築で出たスクラップの怪物の彫刻を平気で使う感性が凄い。日本なら「祟りが怖い」とか「罰が当たる」と言ってやらないことだ。まるで文化が違う。

　次に世界で最も美しいモスクと言われる「スルタンアフメト・モスク」を見に行った。イスタンブールの観光案内や絵ハガキによく使われるお馴染みの

巨大なモスク内部。

チャーターした船でクルージング。空に海にと忙しい。

元国王のプライベートヨット。現在はチャーター船。

モスクだ。ドームの直径は30メートル近くもあり間近で見ると荘大さに圧倒される。中に入るとステンドグラスから七色の光が差し込み神秘的で厳かなムードにあふれている。トルコの人口は約7500万人でそのうちの98パーセントがイスラム教徒というだけあってイスタンブールには多くのモスクが建ち並んでいた。

街を歩いて感じたのは道路にゴミが散らかっていることだ。みんな平気でポイ捨てする。ゴミは誰かが片付けるもので自分には関係ないといった感じだ。トルコはこの3、4年経済発展が目覚ましくEU加盟を目指して頑張っているようだが、公共心というか市民レベルでの意識が近代化に追いついていない印象を受けた。ちょうど地元のニュースでは2020年のオリンピック開催地としてイスタンブール、東京、マドリードの3都市が第一次選考にパスしたとしきりに報道していたが、街の雰囲気から言うとイスタンブールに勝ち目はないと思った。

夕方から小型ボートをチャーターしてボスポラス海峡をクルージング。ホテルの窓からも見えたが岸壁や橋の上で大勢の人が釣りをしている。一度に5、6匹も釣り上げることもあり魚影が濃いようだ。ボートのそばに3、4頭のイルカが寄ってきていきなりジャンプした。

「ずいぶん魚がいるね。みんな、何を釣っているのかな」

「アジだよ」

「イスタンブールの人は釣りが好きだね」

「好きというより食べるために釣っているのさ。夕飯のおかずになる」

同行していたガイドはそう言って笑った。

岸壁にはまっ白な大型帆船が係留されていた。優雅な姿はセレブ向けの豪華客船のようだ。ガイドの話では元国王のプライベートヨットで現在はチャーター船として使われているそうだ。さすがオスマン帝国の王族たちはスケールが違う。

カッパドキアからロードス島へコース変更を決断

イスタンブールの市内観光が終わり、一夜明けた6月1日の朝、カッパドキアに向かうためのミーティングが始まった。イスタンブールに来るとき悪天候に苦しめられたので入念に気象状況を調べた。目的地のネヴシェヒル・カッパドキア空港はイスタンブールから西に約550キロ、アナトリア高原の中央部に位置する標高1000メートルの高地にある。カッパドキアは奇岩や熱気球の遊覧で日本でも知られるトルコ有数の観光地。ぜひ行ってみたいが天候が悪い。

飛行ルート上に厚い雲があり、これから昼にかけて空港の上空にも発生する予報だ。低気圧が発生すれば山に影響され乱気流も発生しやすくなる。高地のため気温も10℃と低くて寒い。

「ルート上に強い雨雲が発生しています。きょうの飛行は危険ですね」

キャプテンたちに天候不安をストレートにぶつけてみた。

「いや、この雨雲は前線が連なってできたものではなく、孤立して雷雲が発生している。雲の上に出るか左右に避ければ問題ない。出発しよう」

ダグさんが天気図を見ながら言った。キャプテンたちもダグさんと同意見だ。しかし虫の知らせというか、どうも気に入らない。直感を信じて行動すると決めたばかりだ。はっきり言うことは言おう。

「それでは、みなさんはカッパドキアに行ってください。私たちは次の目的地になるロードス島に行きます。そこでみなさんをお待ちします」

あえて異を唱え別行動を提案した。

「OK、それでいこう」

ダグさんが即座に答えほかのキャプテンたちも賛成してくれた。これは意外だった。日本人のグループならこうはいかない。一人だけ別行動の勝手な振る舞いは認められないだろう。ところがキャプテンたちは「勇気ある決断だ」、「あなたの判断を尊重する」と口々に称賛してくれた。その言葉が嬉しくもあり自分の考えにも自信が持てた。

ミーティングで合意したとおり他機はカッパドキアに向けて飛び立ち、テリーさんと家内を含めた私たち3人はロードス島に向かった。

イスタンブールのアタテュルク国際空港は本当に混雑が激しいらしくフライトプランの離陸指示書には時速400キロで上昇しろと書いてある。急角度で上昇すれば、高度はすぐ高くなるがスピードは遅くなる。水平方向にゆっくり上昇すれば高度はあまりあがらないがスピードは早くなる。普通なら250キロくらいの速度で飛び高度を上げることを優先する。時速400キロで上昇するということは、上昇をゆっくりして、水平方向にスピードを出すこ

ロードス島が見えてきた。

とを意味する。管制官の狙いは「早く空港の近くからいなくなってくれ」ということらしい。離陸すると管制官の指示どおりに時速400キロでゆっくり上昇、高度1500メートルで右に旋回して機首を南に向けた。

ロードス島までは500キロ、まっすぐ南下すればいい。天気は快晴、まっ青な空の下にトルコのゴツゴツした山岳地帯と、その間を縫うようにして緑の農地と森林が広がっていた。1時間ほど飛行するとコバルトブルーのエーゲ海が見えてきた。ロードス島はもうすぐだ。管制官に連絡するとのんびりした調子で着陸指示が出された。せかせかしたイスタンブールとは大違いだ。ロードス国際空港は古代オリンピックで活躍した英雄ディアゴラスにちなみ、ディアゴラス空港の愛称で呼ばれている。管制官に誘導されてスムーズに着陸

こじんまりとしたホテル。

した。

宿泊先のホテルは中庭に小さなプールがあり、こぢんまりとしていかにもフランス人が好みそうな優雅なムードを漂わせていた。夕食は見物をかねて街のレストランに出かけてみた。旧市街の城壁の中に入ると中央に広場がありレストランが軒を連ねている。どこのレストランも黒いエプロンをしたウエイターたちがメニューを振り「さあ、おいしいよ」、「シーフードはどうだ」と呼び込みをしている。島の経済は観光によって成り立っていると言われるだけあって、あわただしい商業都市のイスタンブールとは違いリラックスしたリゾートムードにあふれていた。

何軒かあるレストランのうち2階にテラス席が設けられた店に入った。風通しも眺めもよさそうだ。階段を上がって席に着くと涼しい風が吹き抜

ロードス島市街の城壁。

大きなビールと大きなロブスター。

リンドスのビーチ。まだ誰もいない。

けていく。陽気なウエイターにビールとロブスターを注文。出てきたのは大きな長靴型のグラスになみなみと注がれたビールと大皿に盛られたロブスターだった。ロブスターは一匹30センチはありそうで半分に開いてグリルしたものがいくつも皿に盛られていた。

広場を行き交う観光客の流れを眺めながらおなかいっぱいロブスターを食べ、飲みきれないほどのビールを飲み大満足でホテルに帰るとすぐに寝てしまった。

翌日はレンタカーで海岸線をドライブ。50キロほど離れたリンドスの町に行ってみた。リンドスには古代遺跡があり、近くには観光客に人気の海水浴場もある。海岸線を爽快な気分で走り1時間ほどでビーチパラソルが並ぶ広々とした海水浴場に着いた。浜辺は砂ではなく大きめの砂利でシーズン前な

岩山の頂上からリンドスの町を望む。コバルトブルーと白い町並がきれいだ。

のか誰も泳いでいない。人でごった返す海水浴場しか知らないから人のいない浜辺はまるで別世界のようだ。

海水浴場のすぐそばに白い家が建ち並ぶリンドスの町がある。町の後ろにある岬の突端、大きな岩山の上が古代遺跡だ。岩山の麓まで車で入り、その先は徒歩で登った。サントリーニ島も海岸からホテルのある町まで崖道の登りが大変でロバに乗った観光客を見かけたが、ここの登りもかなりきつい。岩山を螺旋状に2キロほど登ると遺跡のある頂上に出た。かなり息が切れている。ハアハアいいながら下を見下ろすとリンドスの町の白い家々、エーゲ海のコバルトブルーの海、やや緑がかったブルーに輝く海水浴場の浅瀬の海が見え絶景が広がった。

城壁に囲まれた遺跡の中にはアテネにあるパルテノン神殿を小ぶりにしたような神殿跡があり何本か

古代神殿。

石柱が立っていた。石柱にもたれかかり海を渡る涼しい風に吹かれながら遠く古代の世界に思いを馳せた。

ホテルに帰るとカッパドキアに行ったダグさんたちが到着していた。

「やあ、天候はどうでした」

「予報どおりカッパドキア空港の上空にはでっかいサンダーストーム（雷雲）が発生していたよ。右によけて雲の薄いところを5分くらい飛んだ。そんなに揺れなかったね。高度1500メートルで雲の下に出てあとは目視で着陸さ」

「奇岩見物の熱気球には乗ったんですか」

「バッチリさ。ふわふわ浮いている感じで風に流されてゆっくり移動する。浮き上がるとまったく音がなく、聞こえてくるのは鳥のさえずりだけだ。あの静けさには感動したね。ただしすごく寒くて震え上がったよ。そうそう、翌朝ホテルの窓からほかの旅行客の熱気球が浮かぶのを見ていたら、風速ゼロなのでポカポカ浮いている気球が2時間たっても同じ場所から動いていなかったよ」

そう言ってダグさんは大笑いした。

第4章

世界一周

中東からインドへ

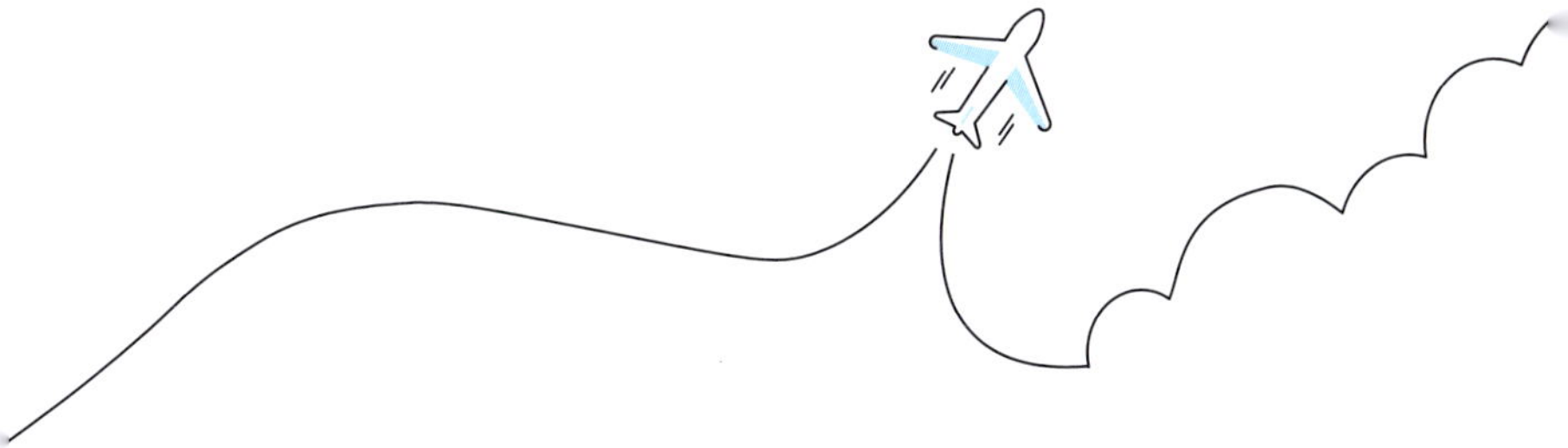

中東の危険地域突入はヨルダンのアカバから

全員パイロットの制服を着用し緊張した面持ちでロビーに集合した。これからヨルダンのアカバまで飛ぶ。中東の危険地域に突入である。アカバはシナイ半島とアラビア半島の付け根にある港街だ。ロードス島から直線距離で約1000キロ。しかしまっすぐには飛んで行けない。飛行コース上にイスラエルがあり防空識別圏に侵入すれば撃墜される。地中海からエジプト領のシナイ半島に入り一度南下、紅海の奥にあるアカバ湾に差しかかったらUターンして北上、回り込むようにしてアカバのキング・フセイン国際空港に向かう。

空港周辺の地形も複雑だ。滑走路の右側5キロ先には標高1500メートルの岩山が山脈を形成するように連なっている。左側はわずか2キロ先にイスラエルとの国境線が走る。着陸をやり直す場合は危険な岩山がある右に旋回しなければならない。左に旋回すればイスラエルに侵入して危ない。2キロなんてほんの少し左にずれただけで国境を越えてしまう。さらに厄介なのが空港の着陸規則だ。滑走路の手前48キロまでは高度8700メートル以上を維持し、そこから降下して着陸せよとある。48キロの距離で高度8700メートルから降りるのはほとんど垂直に落下するようなものだ。常識では考えられないことを当たり前のように命令してくる。やはり中東は何が起こるかわからない未知の世界だ。

同行しているフランス人のルイさんの話では1カ月前にアカバに来て着陸に失敗、ゴーアラウンドでやり直したそうだ。着陸がしやすいプロペラ機のTMB700でもうまくいかなかったのなら用心するに越したことはない。余裕をもち各機の離陸間隔を10分間にあけた。1番機から5番機まで1時間の開きがある。これなら着陸時の混雑を避けられるだろう。

もう一つ気がかりなことがあった。6月5日のこの日からテリーさんに代わってエアジャーニー社のGさんが添乗員兼副操縦士になる。テリーさんが戻って来るまでの約2週間はGさんが頼りだ。年は28歳、息子と同年齢だ。これから難しい中東を飛ぶ

若いGさんが副操縦士になる。

のに若いGさんで仕切れるのか心配になった。ちなみに「Gさん」と呼ぶのはフランス系のため名前の綴りが「Guillanse」で、誰も正確に発音できない。それでみんな「G、G」と呼んだ。敬意を表して「さん」をつけてみたが、若いのに「爺さん」となってしまいどこか変だ。それでも、だれにもわからないからいいやと呼びとおした。

入念なミーティングの後、空港に向かった。離陸許可を得て一気に高度1700メートルに上昇、シナイ半島に向けて南下した。前方には地中海の大海原と青い空のほかには視界を遮るものは何もなかった。海の青と空の青が融合する美しさはこれまでも形容してきたが、何度見ても感動的だ。1時間ほど飛行すると右手に緑豊かなエジプトのカイロが見えてきた。周囲を赤い砂漠地帯が取り囲んでいる。カイロからは細い緑の帯がどこまでも伸びている。ナイル川の流れに沿って続く緑地帯だ。砂漠地帯でもナイル川という水の恵みがあれば植物が育ち文明が花開くことを実感した。

シナイ半島に差しかかると左手の海岸線に沿って市街地のようなものが見える。小さくて建物の形までは判別できないが、たぶんイスラエルの端っこにあるガザ地区だろう。海岸線を超えてシナイ半島の内陸部に入ると赤い砂漠が続き空の青と地表の赤でコントラストがはっきり分かれた。砂漠の砂が赤く見えるのは鉄分を含んでいるため錆びで赤くなるらしい。地上には生命の息吹がまるで感じられない。とんでもない世界に入り込んだような気になった。

やがて砂漠を切り裂くように細長く伸びる青い海が視界に入った。シナイ半島とアラビア半島を隔てるアカバ湾だ。アカバ湾の上空で左に180度旋回、Uターンするように湾をさかのぼって北上すれば、アカバの街を越えた先にキング・フセイン国際空港がある。現在位置からの距離は100キロ、降下の準備に取りかかった。

先行機がすでに着陸しているはずだ。無線でようすを聞いてみた。すると全機がまだ飛行中で同じような空域を飛んでいることがわかった。高度1万2000メートル以上を飛行したジェット機3機は強い向かい風のために遅れ、高度1万メートルを飛んだ私たちとさらに低い7000メートルを飛行したプロペラ機のTBM700が、向かい風の影響を受けずに予定より早く着いた。偶然全機が同時に集合してしまった。高度が違うだけでみんなすぐそばを飛んでいる。

空港の管制官はいっぺんに5機の着陸を誘導した経験がないらしく、あわてたようすでダグさんに着陸許可を出した。何を考えているのだ。ダグさんが一番高いところを飛んでいる。降下すれば下にいる機体と衝突するではないか。ふと女性パイロットのローリーさんの言った言葉が脳裏をよぎった。

——管制官の言うことなんて信用しちゃダメよ。友達が管制官の誘導どおりに降下して雷雲に突っ込み地面にたたきつけられて死んだのよ。危ないと思ったら断って、こっちの要求をはっきり言うのよ——

確かにそのとおりだ。常識的に考えて一番下を飛んでいるプロペラ機から順番に着陸させるべきだ。事態を察知したGさんが管制官と交渉、私たちを含め高空を飛んでいるジェット機４機は滑走路の右にある岩山の上空を旋回しながら待機、その後、飛行高度の低い順に着陸させるように頼んだ。

よくわかっていない管制官は渋々了解、さっそく岩山の上に移動して旋回を始めた。イスラエルがある左旋回は禁止という限られた狭い範囲で４機ものジェット機が旋回するのは大変に危険なことだ。さらに平坦な砂漠から一気に１５００メートルもせり

砂漠の中のただ一本の滑走路。

上がっている赤い岩山の頂上付近は複雑な乱気流が発生して上下左右に揺さぶられる。

　ようやく着陸の順番がきて降下を始めると赤い砂漠の中に滑走路が1本だけまっすぐ伸びている。砂漠に敷かれた太い道路のようで誘導路もついていない。人里離れた田舎の飛行場に降りるような寂しさを感じさせた。地表付近は黄砂のような細かい砂が舞い上がりぼんやり霞んでいる。晴れていてよかった。曇や雨なら目視での着陸は難しいだろう。慎重に操縦桿を操作してセンターラインの真上にタッチダウンした。

　ムスタングを駐機場に入れ外に出ると上空からは見えなかったが平屋建ての空港ターミナルがあった。ターミナルの中にはＶＩＰラウンジも用意されている。離発着便が少ないらしく利用客は私たちのグループだけでガラガラだ。想像していたよりも係

通関はVIP ラウンジを通った。他には誰もいない。

員の対応はよく入管もスムーズにいった。ターミナルの前には迎えのマイクロバスが待機していて全員が乗り込むとすぐに出発、陽気な運転手が観光ガイドのようにしゃべりだした。

「これから行くアカバの街は空港から8キロほどで15分くらいで着きます。ヨルダンで唯一の港で、海岸には立派なホテルが建ち並び紅海のリゾート地としてヨルダン政府も宣伝に力を入れ観光客を呼び込んでいます。陸地は何もない砂漠ですがアカバ湾は豊かな海で魚介類がおいしいです。ダイビングスポットとしても人気で若い観光客も増えています」

なるほどとうなずきながら質問を一つした。

「危険な岩山の上空で待機飛行させられたけど天気が悪かったら目視で操縦できない。左側の平地はイスラエルだし、いったいどうするのだろう」

「お客さん心配いらないですよ、ここは砂漠です。365日晴れています」

そう言うと運転手は大笑いした。言われてみればそのとおり。みんなも一緒になって笑い出した。

バスは海岸沿いのリゾートホテルに入りポーターたちが荷物を運んでくれた。部屋は広く2部屋続きで海に向かってバルコニーが突き出している。目の前はホテルのプライベートビーチがあり宿泊客がビーチパラソルの下で寝そべったり泳いだりしている。気温は40℃、水温も高そうなので念願の海水浴をした。泳いだあとは水上スキーにも乗った。危険な飛行で神経がピリピリしていたが、思いっきりビーチで遊び緊張感がほぐれ心身共にリラックスできた。

夕食はロイヤル・ヨルダン・ヨットハーバーにあるレストランに出かけた。マリーナには大型の洒落たヨットが何艘も停泊している。ハーバーライトに照らされてどこか感傷的な気分にさせられる情景だ。

ヨットハーバーの入り口には制服を着たガードマンが立ち陰気な雰囲気だったが、レストランに入ると陽気なヨットマンたちであふれ盛り上がっていた。

初めにフランス人のルイさんがワインリストから

滑走路右側の岩山。この上を旋回させられた。

銘柄を指定した。いつもワインの栓抜きを携帯して飛んでいるほどのワイン通だ。運ばれてきたワインをルイさんがテイスティングしてOKを出しいつものように宴会が始まった。料理は店の自慢のロブスターだ。

外国人のメンバーは食事中にビールやウィスキーをまったく飲まない。始めから終わりまでワインだ。追加のワインボトルが開けられる度にルイさんはテイスティングをする。食事中に出されたワインのうち2本にダメを出し返却、別のボトルに取り替えさせた。理由を聞くと「コルク臭い」と言う。試しにひと口飲んでみた。普通においしく感じられ、コルク臭がわからない。どうも味覚が大ざっぱなようだ。

みんなに付き合ってワインを飲みすぎホテルに帰るとベッドに倒れ込んだ。疲れと酔いで熟睡したのか真夜中に目が覚めた。静まり返ったホテルの部屋からバルコニーに出て夜の海を眺めるとハーバーライトが海面に映りゆらゆらと揺れている。カナダのケベックを出発してから1カ月が経ったと感慨にふけった。ここまで行ったことも見たこともない未知の地域を飛んできた。目がさえてきたので計算してみると35時間の飛行になる。ずいぶんいろいろなところを飛んだような気がするが、飛行時間からすると大したことはないようだ。

旅の半分が終わり、なんとなくアジアを感じるようになると、早く帰りたいような帰りたくないような、嬉しいような悲しいような妙な気持ちになった。あと1週間も飛べば中東からインドを抜けて東南アジアに入る。東南アジアの国々は何度も行ったことがある。もう未知の世界ではなくなる。そう思うと悲しくなってきた。気分を切り換えようと冷蔵庫の中を探したがビールもウィスキーも見当たらない。ここはイスラム教の国、ホテルの部屋にはアルコール類は置いていないようだ。

――悲しむことはないよ、旅の終わりは次の旅の始まりだからね――

誰かが言った言葉を思い出した。まだ旅の途中だというのに心にぽっかりとあいた穴が塞がらなかった……。

バルコニーでうたた寝をしてそのまま朝を迎えた。これから映画『インディ・ジョーンズ　魔宮の伝説』のロケにも使われたペトラ遺跡の見学に行く。寝ぼけまなこでロビーに降りるとイガグリ頭のガイドが待っていた。ヨルダンのゴツゴツした岩山と同じようにゴツゴツした感じだ。出発前に「ここは俺が生まれ育った土地だ。何かあったらなんでも言ってくれ。そしてこの岩山と砂漠の素晴らしさを世界のみんなに伝えてくれ」と熱く語った。ヨルダン人気質とでも言うのか彼が郷土愛に燃えているのはわかるが、この砂漠のどこがそんなに素晴らしいのかよくわからなかった。

ペトラ遺跡までは小型バスで砂漠の道を走り続け2時間かけてようやくたどり着いた。クーラーの利いたバスを降りるとムッとした熱気に包まれジリジリと太陽が照りつけてきた。遺跡の入り口の高台には小さな町があり、そこから幅が2、3メートルしかない崖の間をトボトボ歩いて下ると峡谷の底に大きな空間が広がった。周囲には垂直に切り立った崖が削られ巨大な宮殿が造られている。高さ40メートル幅30メートルもあるという。残念ながら修復工事中で中には入れなかったが、宮殿を見上げているとインディ・ジョーンズが馬で岩の回廊を走り抜けるシーンが思い出された。遺跡にはローマ様式の劇場跡や寺院跡などがあってかなりスケールが大きい。

遺跡の中心になる広場には観光客目当てのラバやラクダがつながれていた。ゴツゴツした岩場を登るには馬よりも体が小さく足腰の強いラバのほうが適しているそうだ。町への帰り、みんなでラバにまたがりゆらゆらと揺られながらのんびり岩の回廊を登った。

崖上の町に着くと昔使われていた貯水池を見学した。水の汲み上げ口には簡単な小屋が建てられ下を覗くと砂漠の中なのに清水が流れている。ガイドが水を汲み上げ「頭を出してごらん」と言うので、下を向いて頭を差し出すといきなり水をかけられた。驚くほど冷たく「ヒャーッ」と声を上げてしまった。

インディ・ジョーンズの撮影に使われた宮殿。

岩山の割れ目を30分程下っていく。

ヨルダンは風土も荒いが歓迎も荒い。岩山と砂漠しかないのに妙に印象に残る国だ。あしたはこの国を離れドバイへ飛ぶ。

灼熱地獄のサウジから近代都市ドバイへ

きょうはアカバのキング・フセイン国際空港を飛び立つときから暑さに悩まされどおしだった。空港の気温は42℃と高くオーバーヒートを避けるためエンジンを停止した状態で離陸許可を待った。バッテリーの消耗を防ぐためクーラーを止め連絡には携帯無線を使った。すべての離陸準備を整えシートベルトを締めて待ち構えていたが管制官がなかなか離陸の許可を出さない。閉め切った機内は温度が急激に上がり蒸し風呂のようになった。仕方なくGさんが携帯無線で管制官に連絡するとサウジアラビアの空

帰りは、砂漠の中の急な登りを、約1時間ほど登らなければならないので、ドンキーに乗ることにした。岩山や急な登りは、馬よりも足腰の強いドンキーのほうが適しているようだ。

域に入る許可がなかなか下りず調整中だと言う。我慢の限界にきて機外に飛び出した。乾燥した空気で汗はすぐに乾いたが暑さには変わりはなかった。

結局、アカバでは1時間も待たされようやく離陸の許可が出された。上空に舞い上がると追い風で順調に飛行、クーラーをガンガンにかけてひと息ついたとたん、サウジアラビアの給油地メディナ国際空港に着陸して再び灼熱地獄に突き落とされた。

メディナ国際空港に着陸して滑走路の端に止めると、頭にターバンを巻き口ひげを生やして白いワンピースのような服を着た男が自動小銃を持った兵士たちを引き連れてやって来た。男は空港の職員でGさんと押し問答を始めた。どうやらフライトプランの提出などコーディネートがうまくできていないようだ。しばらくすると男は兵士たちに何かを言い残してターミナルビルの方へ去っていった。

自動小銃を持った兵士たちに囲まれ身動きがとれない。かつて日本の飛行クラブの連中がこのメディナ国際空港を訪れたとき書類の不備を指摘され3日間も足止めをくらった話を聞いたことがある。3日もこの状態なら干からびてミイラになる。いったいどうなっているのだ。それにしても暑い……。強い日差しを避けるため翼の下に入りしゃがみこんだ。空港はどこでも障害物のない広大な敷地にあるため、たいていは風がよく通り翼の下は涼しいものだ。しかし、ここではダメだ。風が熱いのだ。ベッタリと尻をつけると焼けたコンクリートから熱が伝わり火傷しそうであわてて立ち上がった。もう逃げ場はムスタングの機内しかない。あまりに暑くところどころつむじ風が巻き起こっている。ドアを開け放ち床にごろりと横になった。時折吹きつける風はドライヤーのように熱く肌にヒリヒリと痛い。流れ出す汗はすぐに乾きシャツやズボンに塩を吹いたような跡を残した。この灼熱地獄にほったらかしにされてかれこれ1時間がたつ。いつまで待たせるんだ……。空港の職員はまだ何も言ってこない。

イライラはつのるばかりだ。ケチがついたのは昨夜のミーティングからだ。アカバからドバイまでの飛行コースを確認中にGさんが悪い知らせを持ってきた。中継地に予定していたサウジアラビアのカスィーム空港の着陸許可が下りないため急遽、メディィナ国際空港に変更したと言う。アカバか

フィリピンに行った時に学んだように、翼の下で休む。空港は風が吹き抜けるので翼の下は意外と涼しいものだが、ここはだめだ。とにかく暑い。風そのものが熱風なのでどうにもならない。ジトッと汗をかき、それが乾いて塩を吹き、また汗をかく、の繰り返しだ。

らドバイまではアラビア半島を横切って直線距離で2000キロある。航続距離が足りないためどうしても途中で給油が必要だ。代わりの空港を決めるほかに選択肢はなかった。サウジアラビアは世襲式の絶対君主制の国で自由主義諸国の常識は通用しない。どこの空港も官僚的で対応が悪い。急な変更で段取りに落ち度がないか心配になったが、悪い予感が的中した。

待ちぼうけをくらってそろそろ2時間になる。女性や子供もいることだし、せめてトイレだけでも使わせてくれるように兵士たちに頼んだ。なんとか了解をもらい連れて行かれたのは兵舎の粗末なトイレだった。用を足し蛇口をひねって手を洗おうとしたら水が汚く変な匂いがする。手を洗うほうが危険だ。こりゃダメだとあきらめた。水も飲めない状況の中でゆでダコのようになり、もうどうにでもなれと開

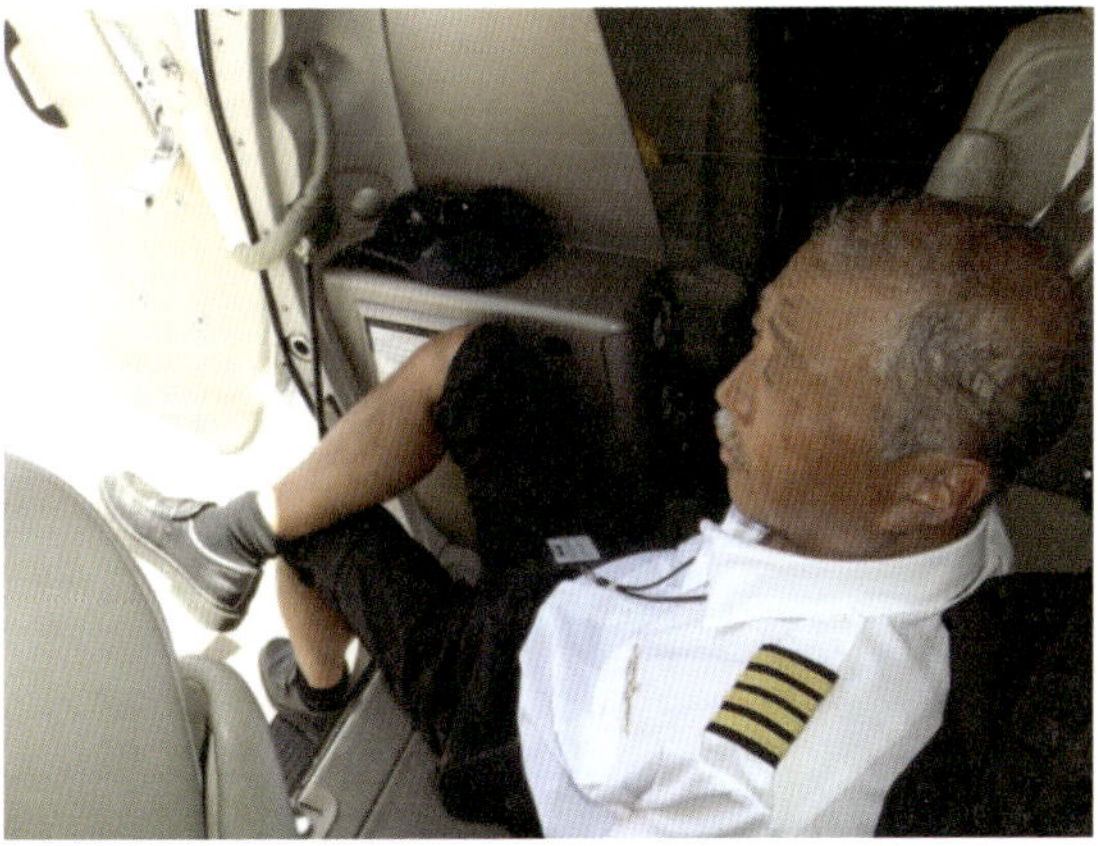

水も食料もなく、ただ機体のそばにいることしか許されないので、砂漠のじりじりした太陽に直接照らされ、どこにいても暑く、次第に見栄も外聞もなくなってしまった。もうどうにでもしろ！

き直ったものの不安はつのるばかりだ。

イスラム教では飲酒を厳禁されているが、アルコールは体内で分解するのに大量の水分を使う。暑い砂漠でアルコールを摂取すると脱水症状を起こし死の危険がある。飲酒禁止は禁欲的な戒律というより砂漠で生きるための知恵なのだろう。

やがて頭にターバンを巻いた空港の係員らしい男たちが2、3人現れうろうろしだした。遠くから砂塵を巻き上げて給油車がやって来るのが見える。やっと給油の手配がついたようだ。給油車が近くまできて止まると男たちは給油ホースを引っ張り出し地面に放り投げた。あとは知らん顔をしたままだ。仲間内で話し込みまったく動こうとしない。いったいどういうことだ。ここは我慢して状況を見守った。そばには銃を持った兵士がいる。

そのうち待ちきれなくなったダグさんが「自分たちで給油しよう」と言いだしホースを燃料タンクにつないだ。それでも男たちは見て見ぬふり。まったく働く気がない。これでは書類の不備やコーディネートの行き違いが起こるのも無理はないだろう。

燃料を満タンにしてようやく離陸の準備が整った。これからドバイまではバーレーンとカタールの上空を通過して1400キロ、2時間40分の飛行になる。安心して飛べるぎりぎりの距離だ。暑さと緊張で肉体的にも精神的にも疲れている。給油ができた安心感で気の緩みが出ないように気持ちを引き締めた。

なにしろこの最悪のメディナ国際空港は気象条件的にも離陸を難しくしている。標高が６３０メートルと高く空気が薄いうえ、気温も45℃で空気を膨張させさらに薄くしている。空気が薄いと浮力が弱くなり離陸できない。また気温が高いと滑走路を走行中にオーバーヒートを起し上昇中に墜落の危険がある。オーバーヒートを防ぐためにはスピードを上げ大量の空気をエンジンに送り込む必要がある。通常の離陸では浮力を増すフラップを立て滑走距離９５０メートル、時速１６６キロで舞い上がる。それをフラップを立てずに滑走距離を２１００メートルまで伸ばし、スピードを時速２２０キロまで上げてから飛び立つのだ。

この離陸のやりかたは、昨夜のミーティングでキャプテンたちと知恵を絞って考え出した方法だ。

2300ftを超えるとようやく茶色いダストの中を抜けた。なんでも吸い込むジェットエンジンにとっては、ダストの中を飛ぶことはあまりいいことではない。

その通りにできるよう落ち着いて操縦桿を握った。失敗は許されない。

　離陸許可が出て滑走路を走行、スピードが時速220キロを超えたところでゆっくり操縦桿を手前に引いた。燃料満タンで離陸重量ぎりぎりだがスルスルと上昇して無事に舞い上がった。高度6900メートルに上昇すると、赤くもやのようにかかっていた砂漠のダストから抜け出し青空の中に入った。砂まじりのダストは、なんでも吸い込むジェットエンジンに悪影響を及ぼす。これでジェット機とパイロットにとって魔界のようなメディナ国際空港から抜け出すことができた。

　しかし、安心するのは早すぎた。水平飛行に移るためさらに高度を上げるとサウジアラビア空域の管制官が危険な指示を出した。

「高度を6900メートル以上に上げてはいけない。フライトプランを変えて北寄りのコースを飛行せよ」

　えーっ、なんだって。そんなに低い高度では燃料消費が増え、北寄りのコースは160キロも遠回りになる。これでは燃料切れで墜落する。なんでも思うようになると考えるアメリカ人のキャプテンたちが黙ってはいなかった。

「コースを変更する理由を教えてください」

「より高い高度を要求します」

管制官と真正面からやり合った。管制官は次々に出される要求に折れて高度を上げる許可を出したが「７２００メートルまで許可」、「７５００メートルまで許可」と小刻みに上げてくる。ついにキレたＧさんが「もっと高度をよこせ」と何度も言った。すると管制官が問いかけに応答しなくなった。

管制官が呼びかけに応じない——。すごいことがあるものだ。ほかの航空機と衝突事故でも起こしたらどうするのだ。しかしながらここはサウジアラビアだ。常識は通用しない。たとえ事故が起こってもすべては神の思し召しで済んでしまうのだろう。もう一度、中東に来ることがあったらサウジアラビアには絶対に近づきたくないと思った。

管制官が応答しない以上、勝手に飛行コースと高度を変更するのはかえって危険だ。せめて風が向かい風に変わらないことを祈ってレーダーや計器に目を配り周囲の状況を確認しながら慎重に飛行した。救いは雲一つない晴天だった。

メディナ国際空港を離陸して1時間40分が経過、そろそろバーレーンの空域に入る。バーレーンも世襲式の絶対君主制の国で油断はできない。こちらからコンタクトを取ってみると明らかにアメリカ人とわかるアクセントの管制官が応答してきた。

「ラジャーＮ５１０ＨＷ。そのままのコースで飛行を続けてください。安全です」

同行機をつなぐ無線機からは「やったーっ」というような声があふれてきた。みんな喜んでいる。これで常識の通じる相手と話せる。さっそく高度を上げる許可を要請すると即ＯＫが出た。その後20分ほどでカタールの管制官とバトンタッチしたがなんのクレームもなかった。

ようやくアラブ首長国連邦の空域に入りドバイの上空に差しかかった。照りつける太陽が西に沈み、あたりはすっかり暗くなっていた。真っ暗な砂漠地帯を抜けるとペルシャ湾岸沿いに光り輝く都市が姿を現した。ドバイだ。海側から回り込むようにしてドバイ国際空港の滑走路に進入した。管制官のコントロールもはっきりした英語でスムーズだ。なんの問題もなく着陸、駐機場に入れて燃料の残量をチェックすると６３０ポンド（約２９０キログラム）だった。これは航空法上ぎりぎりの量だ。航空法では緊急時に備えて常に６００ポンドは残しておかなければならない。危ないところだった。

荷物を降ろすと空港の係員が迎えに来てエスコートしてくれた。入国手続きも簡単でスイスイ通り抜け巨大なターミナルビルに入ると別世界が広がった。きらびやかなショッピングアーケードが延々と続き、外に出ると真っ白なロールスロイスが待っていた。それもメンバー1機につき1台、計5台だ。ターバンを巻いた運転手にウエルカムの握手を求められ家内には歓迎の花束がプレゼントされた。ドアを開けてもらい車内に入ると冷たいおしぼりと水がスーッと差し出された。その水のうまさは格別だった。

黄昏のドバイ空港。有名な木の葉の形をしたヨットハーバーを上空から見れなくて残念。

１機にに１台ずつロールスロイスが手配されていた。

ここにくるまで長く過酷な一日だった。朝から何も口にしていない。まずヨルダンのキング・フセイン空港で猛暑の中、1時間以上も離陸を待たされた。そこから664キロ、1時間10分飛んでサウジのメディナ国際空港では45℃を超える灼熱地獄の滑走路上で3時間も放置され生きた心地がしなかった。さらにドバイまで1400キロの飛行では3時間近くかかり、途中サウジの常識はずれの管制官とやり合って神経をすり減らした。砂漠から吹いてくる砂ぼこりにまみれ汗が乾いてできた塩が体にこびりつき、よれよれに疲れ果ててドバイに着いた。

ロールスロイスは両側に高層ビルが建ち並ぶ片側6車線の高速道路をホテルに向けて快調に走った。ライトアップされた世界一の超高層ビル、ブルジュ・ハリファが見えた。高さ828メートル、160階もある。ドバイは中東の金融センターと富豪向けの

宿泊した世界で唯一の7つ星ホテル、ブルジュ・アル・アラブ。

リゾートとして急速に発展している。中東に出現した近未来のメトロポリスといった感じだ。同じ砂漠の国でもヨルダンやサウジと違い、時空を超えた異次元空間にはまったような感覚にとらわれた。

ロールスロイスの中でやっと人心地がついたころ人工島に建てられた帆の形をしたブルジュ・アル・アラブが見えてきた。世界で唯一、七つ星がつけられた超高級ホテルだ。エントランスの車寄せにロールスロイスを止めると4、5人のドアマンが駆け寄ってきて車のドアをさっと開けロビーに案内した。

ロビーにはドレスアップした男女が10人ほど一列に並び、にこやかに笑顔を浮かべ出迎えてくれた。歩み寄っていくと先頭の女性が冷たい水の入ったクリスタルボウルを差し出し、手を洗うと次の女性がおしぼりを差し出し、その次は甘い紅茶、さらにクッキーと順々に続き最後の2人の男性が24時間世話をしてくれる専属のバトラー（執事）だった。すごい歓迎の仕方もあったものだ。バトラーに伴われ部屋に入ると2階構造で1階が居間、2階が寝室になっている。ヨルダンとドバイは時差が2時間あり、もう夜の9時をすぎている。さっとシャワーを浴びて展望レストランに向かった。

レストランにはグループのメンバーが集まっていた。みんな砂まみれ汗まみれの疲れた顔からシャワーを浴びてすっきりしている。食事はビュッフェスタイルと聞いていたが単に並べられた料理を取るのではなく、専属のシェフに好きなものを言うとそれぞれの国のシェフが作りたてを席まで運んでくれる仕組だった。日本料理、中国料理、タイ料理、インドネシア料理とそれぞれ4、5人ずつのシェフがいた。

私の注文はもちろん前菜には大皿に盛った刺身の盛り合わせ、スープはトムヤムクン、メインは和牛ステーキに北京ダック。酒はビールに日本酒にワインと飲み放題だ。つらい一日を過ごしたパイロット仲間には、もう言葉は必要なかった。刺身を食ったと言っては笑い、ワインを飲んだと言っては笑い、肩をたたき合ってただひたすら笑い合った。人間あまりに嬉しいと笑うしかないことがわかった。まさにここは竜宮城だ。飲めや歌えと桃源郷の夜は更けていった。

翌日はゆっくり朝寝坊してからホテルのプールで泳ぎ疲れを取った。プールには全身を隠した衣装で泳ぐ女性を見かけた。レバノン系オーストラリア人のデザイナーがイスラム教徒の女性用にデザインした水着らしい。全身を覆うブルカとビキニを合わせてブルキニという名前がつけられたそうだ。男性に肌を見せてはいけない戒律さえ守れば女性だって泳ぐことを知った。

そこへダグさんファミリーが泳ぎにきてドバイから旅行に参加する長男のディロンくん15歳を紹介された。学業の関係で遅れて来たそうだ。ダグさん、妻のエーリさん、ディロンくん、娘のミーガンちゃんにケイティちゃんとにぎやかな一家だ。

午後からはガイドの案内でドバイのショッピングモールを見て回った。どこの国でもオシャレをしたい女心に変わりはないようで、全身を包む黒っぽい服装にグッチやヴィトンのバッグを提げて颯爽と歩く女性たちがいた。ガイドの説明ではヘジャブと言われるスカーフで髪の毛を隠し顔を見せているのが既婚女性で、顔も隠し目だけを出しているのが独身女性だそうだ。

またイスラム教では４人まで妻を持つことが許されているが、相手を自由に選べるわけではなく、２人目の妻は結婚できなかった女性、３人目は結婚したが未亡人になった女性と決められていて、裕福な男性が不幸な女性をなるべく多く救うためのシステムだと聞かされた。決して男性天国というわけではないようだ。

６月10日、ドバイ滞在最後の日は太陽が傾き涼しくなった夕方から砂漠を四輪駆動車で走り回った。大きなタイヤをはいたトヨタのランドクルーザーは、まるでスノーボードが雪を蹴散らすように砂塵を巻き上げて砂丘を走り、急な斜面をもろともせず横切るように走り抜けた。よく横転しないものだと感心したが、頑丈なロールバーが取り付けられているから時々失敗して転がっているようだ。

ランドクルーザーで走った後はラクダに乗って砂漠を歩いた。夕闇が迫り月がはっき

夕方から砂漠をランドクルーザーで走りまわるツアーに行った。

次はラクダに乗って砂漠を歩いた。空に海に車にラクダと忙しい旅だ。

りと顔を出すとあたりはロマンチックなムードに包まれた。

♪月の砂漠をはるばると～、旅のラクダが行きました～

自然にメロディーが浮かび歌詞を口ずさんでいた。

ラクダに揺られて砂漠の中を進んでいくと大きな円形のテントに行き着いた。中央に大きな焚き火があり、そのまわりでベリーダンスのショーが始まった。みんなで舞台の周りに陣取りワインを飲みながらバーベキューを食べてダンサーの踊りを鑑賞した。

昔の砂漠の民も満天の星空の下、月を見てダンスを楽しみながら過ごしたのだろう。夜空に焚き火の炎とダンサーの汗を飛びちらせながら、砂漠の夜は更けていった。

ラクダに乗ったまま砂漠の中のテントに行った。バーベキューの夕食とベリーダンスのショー。

ロマンチックな夜が明けた翌朝、ドバイからオマーンのマスカットに向かうためホテルのロビーに集合。送迎用のロールスロイスに乗り込んだ。ホテルから湾岸道路をつなぐ橋を渡り片側6車線の高速道路に入ると熟年の運転手が話しだした。

「30年前は砂漠と太陽と海のほかには何もありませんでした。石油を売って暮らしていましたが埋蔵量が少なくいずれは枯渇してしまいます。そこで金融、流通、観光で世界中からお金を集める経済政策に切り換えたのです。30年たって石油輸出が経済に占める割合は10パーセント以下になりました。いまのところ政策転換の大博打は成功しているようです」

なるほど、この国は常識では考えられない想像を超えた大勝負を仕掛けているようだ。ドバイ国際空港に到着するとスケールの大きさに圧倒された。着陸した時は暗くて滑走路のアプローチライトしか見えなかったが、広大な駐機スペースには多くの航空機が止まっている。試しに「ここの駐機料は1カ月でいくらかかるのか」と空港の係員に聞いてみると「2万ドル（約200万円）だ。いまのところいっぱいで空きがないけどね」と言った。世界は広い、ケタはずれの大金持ちがいると唸ってしまった。

すぐそばをドバイのエミレーツ航空が運行するエアバスA380旅客機がのっそりと巨体を動かし滑走路に向かって通りすぎていった。エミレーツ航空のA380は空飛ぶ

ジャンボより大きいA380。我々の前をゆっくりと飛んでいった。

エンジンをかけないまま、トラクターで引っぱられて誘導路まで出る。

豪華ホテルと言われている。

遠くから眺めているとA380は、滑走路の端からゆっくりと走り出し3000メートル滑走路を目一杯使って離陸して行った。あんなに遅いスピードでよく浮き上がれるものだと不思議になるほどのんびりした動きだった。

ドバイ国際空港の離陸方法はほかの空港とやりかたが違っていた。まずエンジンを停止した状態で駐機場で待機、離陸許可が出たらトーイングトラクターに牽引してもらい誘導路に出る。そこでエンジンをスタートさせ自走で滑走路に出て飛び立つ。この手順通りにやったところエンジン停止中はクーラーが使えないので汗びっしょりになってしまった。パラダイスのようなドバイでも中東の暑さの試練は確実について回った。

ドバイ国際空港をあとにして上空に舞い上がると眼下に摩天楼が建ち並ぶ海岸線と紺《こん》碧《ぺき》の海、帆の形をしたホテル、にょっきりと伸びる800メートルの超高層ビルがはっきり見えた。海岸線に沿って視線を移すと人工島に造られたヤシの葉の形をしたヨットハーバーも見える。その景色を眺めながら最高のおもてなしをしてくれたドバイに別れを告げた。

オマーンのマスカット空港までは320キロ、40分の飛行になる。飛行距離が短いため高度7500メートルで水平飛行に移ると少し飛んだだけで降下姿勢に入り着陸し

上空からみるドバイの町。

来た時にはみえなかった、木の葉の形をしたヨットハーバー。

た。オマーンはビザが必要なため全員制服を着て入国審査を通過することにした。

空港ターミナルに入り審査官にパスポートを差し出した。特に問題はなく入国許可のスタンプを押してもらい通り抜けようとしたら「ストップ！」と鋭い声が上がった。ギョッとして振り返ると、13歳になるダグさんの娘ミーガンちゃんが呼び止められている。

「この子も乗務員なのか」

「はい。無線担当でなかなか優秀なクルーです」

ダグさんが一生懸命に説明してなんとか許可をもらったが間が悪いことに、そこへ6歳のケイティちゃんがとことこと出てきた。ダグさんがあわてて言い訳をした。

「この子は現在操縦のトレーニング中で……」

ケイティちゃんをじっと見ていた審査官が口を開いた。

「わかった。将来、立派なパイロットになるだろう」

そう言うと片目をつぶってスタンプを押した。中東のイスラム国にもユーモアのわかる人間がいるものだ。ほっとひと息、胸をなで下ろした。

マスカットはドバイにくらべてまだまだ発展途上で空港も道路もいたるところで工事中だった。

宿泊先は海岸沿いにコテージがいくつも並ぶ静かなリゾートホテルだった。浜辺にはナツメヤシに囲まれたプールがあった。到着時刻が早くプールサイドで一日のんびり過ごすことにした。

プールでは泳いでは体を冷やし日光浴をしたが、ほかには誰も泳ごうとはしない。それぞれ帽子をかぶったりサングラスをかけたりして本を読んでいる。中には暑さを避けるため肩までプールに浸かって読んでいるお客もいる。なんとなく不思議な光景を見ているようだった。せっかくプールに来たのだから暑ければ泳げばいいし、本を読みたいのなら部屋でクーラーをかけるほうが快適だと思う。少しでも理解できないかまねしてプールで本を読んでみたが、まったく落ち着けなかった。外国人の時間の過ごし方は理解できない。

砂漠から亜熱帯のインドへ、アグラの街は混沌としていた

６月13日はオマーンのマスカットからインド西部のアフマダーバードを経由してタージマハールで有名なインド中央部にあるアグラまで飛ぶ。飛行距離はトータルで２０００キロ、飛行時間は４時間に及ぶ。

外国人はプールにつかって本を読んでいる。まぶしいのか本を椅子の下においで読んでいる。部屋で読めばいいのではないか。外国人の過ごし方は理解できない。

白く輝く積乱雲のあいだをぬって飛ぶ。実に爽快。

マスカット国際空港を離陸しアラビア半島の端からアラビア海を越えインド亜大陸に入ると上空には積乱雲が浮かび緑に覆われた大地が出現した。乾ききった砂漠の鉱物世界から湿潤な植物世界へと気候も風土もがらりと変わったことがわかる。きっと人種も文化も暮らしも社会も中東とはまったく違った世界が広がっているのだろう。

中継地のアフマダーバード国際空港に向けて飛行を続けると真珠のように白く輝く積乱雲がいくつも山脈のように連なって見える。積乱雲に近づきレーダーに赤く映る雲の濃い部分を避け雲の合間を縫って飛ぶのは実に爽快で楽しい。私はこの真珠のようなキラキラと輝く雲の回路を右に左にぬって飛行するのが大好きだ。この快感は飛行機の操縦を覚えて本当によかったと改めて実感させてくれる。ふわふわと浮かぶ白い雲と青い空、大空を自由に飛びたいと願った夢の世界を実現させた喜びの原点がある。しばらくこの快感に酔いしれて飛び、高度を下げると田園地帯の中に巨大な街が現れた。人口640万人のアフマダーバードだ。街を分断するように蛇行して流れるサバルマティ川沿いに空港が見える。市街地のすぐそばだ。周囲に山などはなく平坦な土地で着陸もスムーズだった。

到着時刻は昼の12時でとにかく蒸し暑い。ムスタングを駐機場に入れると数人の入国検査官がすぐにやってきた。「ここを動くな」と言うと機内に乗り込み細かく荷物の検査を始めた。すべてのトランクを開けアルコール類、貴金属、香水などをチェックし燃料の残量も調べた。やがてターミナルビルの入国審査室に連れて行かれ一人ずつ入念な審査が行われた。全員が終了するまで1時間もかかった。入国と給油の許可はもらえたが、ただちに機体に戻されターミナルビルに入ることは許されなかった。

広大なインドは地域によって雨期、乾期に加えて猛暑期がある。アフマダーバードの猛暑期は3月から6月で、ちょうど暑さがピークに達した時期だ。猛暑期という言い方もすごいが、とにかく暑くてたまらない。40℃は軽く超えているだろう。砂漠の熱気とは違いじっとりとして物を腐らせるような暑さだ。給油を待つ間、出発前にホテルで作ってもらったランチボックスを開けた。早くもサンドイッチはパサパサに乾きペットボトルの水はぬるま湯のようになっている。とてものどを通らない。無理やり胃の中に押し込んだが半分ほどであきらめた。

朝のミーティングでキャプテンたちが話していたがインドは世界保健機関（WHO）が注意するマラリア発生地域になる。用心のため1日1回、抗マラリア薬を服用するそうだ。しかし日本を発つ前に外務省の在外公館医務官情報で調べたところ予防薬を服用する必要はないと書いてあった。それに抗マラリア薬は胃腸障害や肝臓障害の副作用を起こしやすい強い薬なので、勧められたが飲まないことにした。それでも衛生状態はよくないので十分に注意するつもりだ。

暑さの中で頭がボーッとしてきたころようやく給油車が到着、給油が完了してやっと離陸の許可が下りた。これからアグラまで残り７００キロ、１時間30分の飛行だ。１番機は女性キャプテンのローリーさんが務め、２番機で飛ぶことになった。

ローリーさんが離陸していき、すぐに飛び立てると思ったがなかなか離陸の許可が出ない。20分ほど経過したとき管制官から「クリアード・フォー・テイクオフ」の連絡があった。

上空に舞い上がってから離陸の間隔を開けたわけがわかった。インドの管制は離陸後、空港の管制官から空域の管制官に無線を切り換えバトンタッチしたら、もう一度無線を戻し引継ぎがうまくいったことを空港の管制官に報告する。それを確認した空港の管制官は、初めて次の航空機に離陸の許可を出す。まどろっこしくて手間のかかるやり方だが厳しくチェックされる。これでは時間がかかるわけだ。

高度を上げると着陸時に遭遇した積乱雲がまだ留まっていた。再び真珠色に輝く雲の間を縫うようにして飛んだ。何度やっても気持ちがいい。高度１万メートルで水平飛行に移りミーティングでＧさんから渡された航空図を広げた。いつもはｉＰａｄで航空図を見るがこの日は手書きのコピーだった。アグラ空港の着陸コースを書いた地図と空港の周波数が記入されている。

アグラ空港はインド空軍基地の中にあって軍民共用になっている。軍事機密が絡むこともあり空港の情報は公開されていない。ためしにiPadで検索したが航空図は出てこなかった。軍民共用と言っても定期の就航はなく民間にはあまり使われていないようだ。渡されたコピーの情報は6年前のものだという。

Gさんの話ではアグラの近くにはほかに空港がなく一番近いニューデリーでも180キロも離れている。タージマハールを見るためにはスケジュールの都合上アグラ空港を使うほかにないようだ。それにしても情報が古すぎる。空港の設備についても滑走路の形だけしかわからなかった。危険な匂いがするが、みんな渋々納得した。

アグラ空港まであと100キロに近づき管制官にコンタクトすると無音のまま応答がない。何度繰り返しても結果は同じだった。仕方なく先行機のローリーさんに連絡してようすを聞いた。いきなり怒鳴り声が返ってきた。

「航空図に書いてある着陸コースも周波数もデタラメよ。正しい周波数は131・4。いろいろ探してやっと見つけたんだからね。着陸コースも古くていまは使われていないのよ。誘導電波もないし空港の上を通り越して、管制官の誘導で進入をやり直し最終着陸態勢に入ったところよ」

Gさんの顔色がさっと青くなった。ローリーさんが怒るのも無理はない。ジェット機は高速で飛行するため空港の周囲にある障害物を見て避ける時間がない。あらかじめ決められた安全な着陸コースもわからず誘導電波もないまま降りるのは自殺行為だ。ましてや管制官と無線連絡も取れない状態では目をつぶったまま街の中を走り抜けるようなものだろう。

ローリーさんのおかげで管制官にコンタクトができ誘導を受けて降下、慎重に操縦桿と操舵ペダルを操作して無事滑走路に着陸、後続機も次々に降下してきて駐機場に入れた。

空軍基地にある空港だけに警備も厳重で機外に出るとすぐに自動小銃を持った兵士たちに取り囲まれた。写真撮影は厳禁である。全員がそろうと兵士たちに護衛されるようにターミナルビルに連れて行かれた。また厄介な審査があるのかと心配したが、アフマダーバードで入国審査と荷物検査が済んでいるため緊迫した雰囲気はここまでですぐに解放された。

ターミナルからタクシーに乗って街に出るとものすごい人混みに圧倒された。どこを見ても人、人、人の人だらけだ。道路のまん中を人も牛も自転車もバイクもわがもの顔で移動している。車が通るスペースがない。なんでわざわざ3、4人が横に広がって道路のまん中を歩くのか理解できない。クラクションを鳴らすとうるさそうにほんのちょっと横に動くだけだ。フィリピンや中国でも同じような光景を目にしたことがあるがこれほど図々しくはない。

「運転手さん、みんな車にひかれてもかまわないのかな」

「インドでは信号機もないし交通ルールも守らない。あるのはグッドラックだけさ」

そう言ってタクシードライバーは大きな笑い声を上げた。どうやら大変な国に来てしまったようだ。

ホテルに着くとロビーの時計は夜の8時を指していた。忙しい一日だったが感覚的に時間の経過が早すぎる。「あれっ?」と思い腕時計を見たらまだ6時30分だ。やれやれオマーンと1時間30分の時差があることを忘れていた。みんな急いでシャワーを浴びホテルのレストランに集合した。

Gさんから料理の水はペットボトルの飲料水を使用しているから安心してほしいと説明を受けそれぞれ好きなものを注文した。いつものようにワインを飲み食事が始まると押し殺したように黙りこくっていたローリーさんがGさんに向かって爆発した。

「あんた、私を殺すつもりなの。無線の周波数も着陸コースも古くて役に立たない。そんなところに連れて来るんじゃないよ。1番機を私にやらせて試したんじゃないだろうね。あんたの会社の仕事はみんなを無事にエスコートすることだろう」

目を爛々と光らせいまにもGさんに飛びかからんばかりの勢いだ。みんな黙って聞いていた。彼女は自分でも感情がコントロールできないのか席を立つとロビーの方へ行きブツブツ言いながら歩き回った。

ローリーさんは普段、颯爽としてかっこよく、いつもニコニコして人あたりのいいタイプだが、さすがに怒ると怖い。よほど恐ろしい経験をしたのだろう。ローリーさんが命懸けで得た情報により全員が助かったようなものだ。いつもは明るいキャプテンたちもジョークの一つも出なかった。そそくさと食事を済ませるとみんな割り切れない思いを残したまま部屋に戻っていった。

気まずい思いの一夜が明けた。きょうはフライト

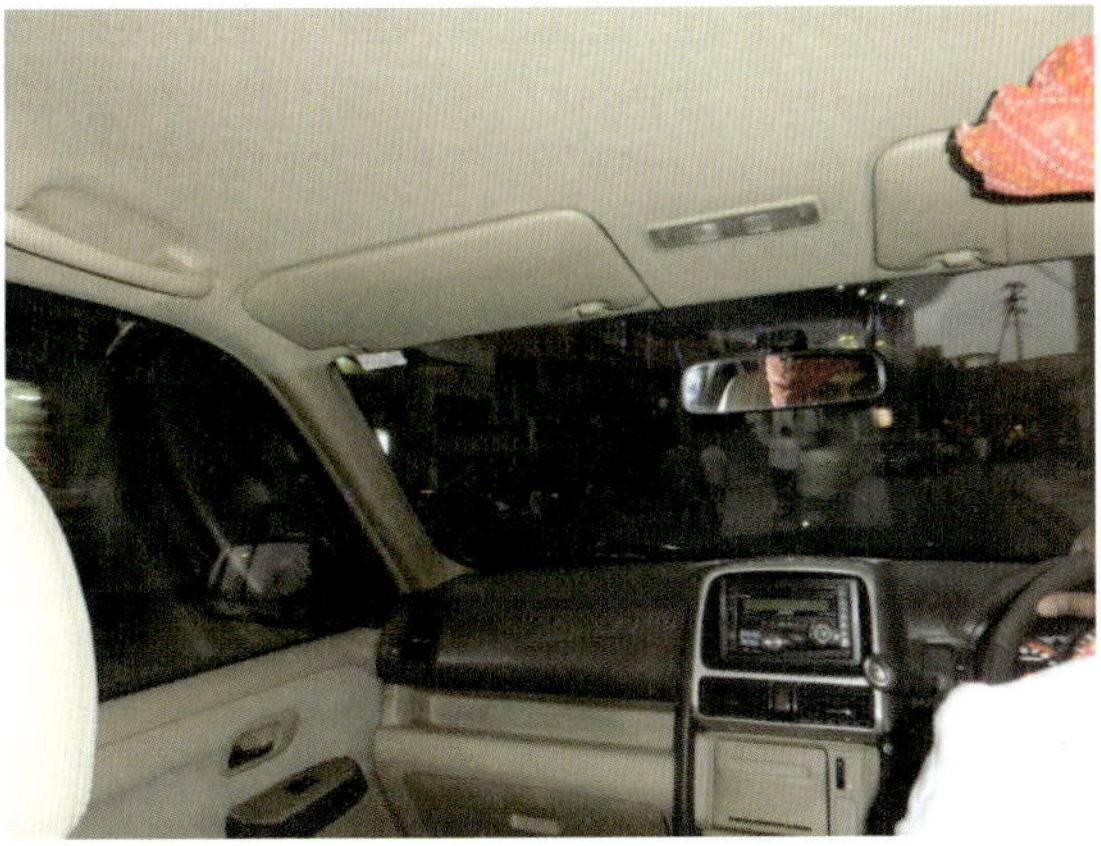

ものすごい人混み。まさにカオス。人も牛も自転車もオートバイも皆道路のまん中を歩く。

がない。ローリーさんの心境を察すると飛ばない日でよかったと思う。窓の外にはうっそうとした森の中に白亜のタージマハールが見える。アグラに来た目的の一つがタージマハールの観光だ。これからガイドと一緒に見学に行く。

ホテルを出てタクシーに乗ると前夜にも増して人通りが多い。活気と人の息吹を感じるというよりも、すべてが混沌とした印象のほうが強い。ぐちゃぐちゃでなにがなんだかわからない感じだ。道路の脇を歩いている歩行者が平然と車道に飛び出してくる。それをよけるために自転車やオートバイが車道のまん中に押し出され、それを避けようと車がさらにまん中に押し出されて身動きがとれない。面倒臭くなった運転手は反対側の車線に乗り入れビーッビーッとクラクションを鳴らしっぱなしで走り抜ける。混雑がなくなるともとの車線に戻り、また前方

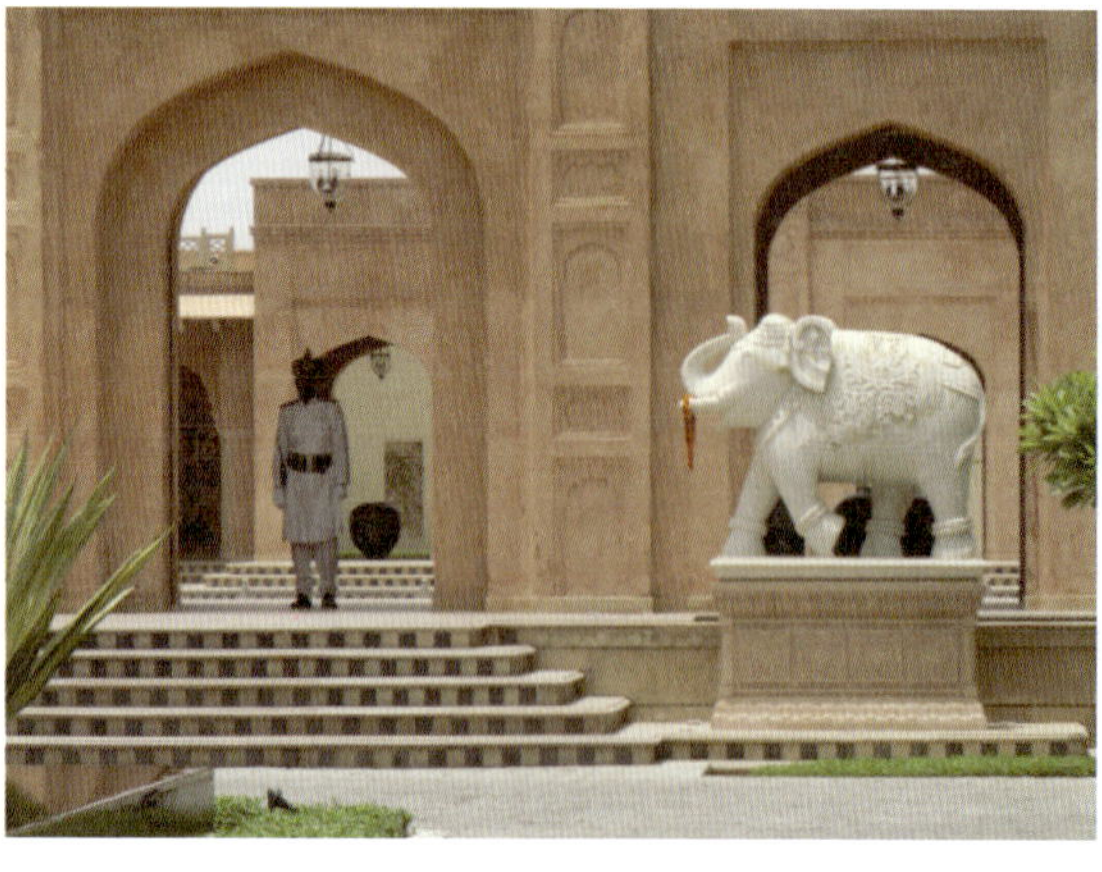

ホテルの玄関。

が塞がれると車線を乗り越えクラクション鳴らしっぱなしで走る。これでは危なくて道路も横断できない。運転手にみんなどうしているのか聞いてみた。

「道路を渡るときは立ち止まらないでゆっくりと同じリズムで歩くと運転手がそれを見てよけてくれるんだよ。車をよけようとして立ち止まったり、リズムを乱すような速い動きをするとかえって危険なんだ」

走って来る車の前に体を投げ出して相手によけてもらうってわけか。いくらなんでも道路の横断ぐらいで命を人まかせにはできない。インド人の鷹揚さには日本人の理解を超えた不思議があるようだ。ガイドにインド人は本当に一日三食カレーを食べているのか聞いてみた。〝まさか、ツーマッチ〟と言って笑っていた。

インドと言われて日本人の多くがイメージするのはタージマハールだろう。世界遺産にも登録され国内外から年間400万人もが訪れる有数の観光地らしい。環境保護のため車の乗り入れは禁止され、少し離れた駐車場から40℃近い暑さの中を歩いた。

いまさらその美しさを形容するまでもないが想像していたよりもスケールが大きい。ガイドの話では高い塀に囲まれた敷地は南北530メートル、東西303メートルもある。イスラム様式の巨大な大楼門《ろうもん》をくぐると緑に包まれた中庭のまん中に細長い池があり大理石で造られた白亜の霊廟《れいびょう》が映っている。

ガイドの決まり文句のような解説によると、タージマハールは17世紀に建てられたインド・イスラム文化の代表的な建築物で、当時のムガル帝国の皇帝が39歳で亡くなった愛妃のために造った墓だと言う。美しいタージマハールには壮大な愛の物語があったというわけか。ゆっくりとタージマハールを見て回りまたタクシーに乗って混沌とした街なかを通り抜けホテルに帰った。

「アグラ空港の離陸の手配はちゃんと済んでいるのね。航空図がないんだからしっかりしてよ」

朝のミーティングでローリーさんが念を押すように言った。いつものように爽やかな笑顔ですっかり機嫌がなおっている。

「確認済みです。心配いりません」

Gさんが照れ笑いを浮べて答えた。これからアグラ空港を出発、コルカタ（カルカッタ）まで

ホテルの窓からみたタージマハール。

1000キロを飛行する。時間は約2時間だ。

アグラ空港に着くとやはり自動小銃を持った兵士に監視されたが離陸はスムーズだった。ローリーさんが指摘したように航空図がないため管制官の誘導にしたがって上昇、旋回して機首を南東に向けコルカタを目指した。上昇する途中、アグラの上空を通るときタージマハールがはっきり見え朝日を反射して白亜のドームが輝いていた。

コルカタはインドの東端に位置しバングラデシュと国境を接している。人口は1400万人を超える大都会だ。高度1万メートルに達し水平飛行に移ると左手に雪をかぶったヒマラヤ山脈の峰々が視界に入った。遠くどこまでも続く雲海の果てに標高8000メートルを超えるヒマラヤ山脈の頂が連なって雲の上に頭を出している。飛行コースの位置からはおよそ700キロも離れているのにこれだけ

離陸直後、左下にダージマハールが見える。

はっきり姿を現すとは、自然の雄大さというか、スケールの大きさに驚かされた。ヒマラヤ山脈の白い頂はコルカタの上空に達し降下を始めるまで見え続けていた。

コルカタ国際空港は発着便がそれほど多くないようで、接近するとすぐに着陸許可が下りた。そう言えばコルカタに日本からの直行便はなくタイのバンコクかニューデリーを経由して入る利用客が多いと聞いたことがある。駐機して荷物を降ろすとインド国内の移動なので通関の手続きもなくタクシーですぐにホテルに向かった。道路の混雑ぶりは相変わらずだがコルカタには給油と休養のために1泊するだけでホテルからは一歩も出なかった。

翌朝、タイのチェンマイに向かうためタクシーに乗り込み空港に向かった。遥々ここまでやってきたがコルカタの印象は、空港とホテルの往復で見る混

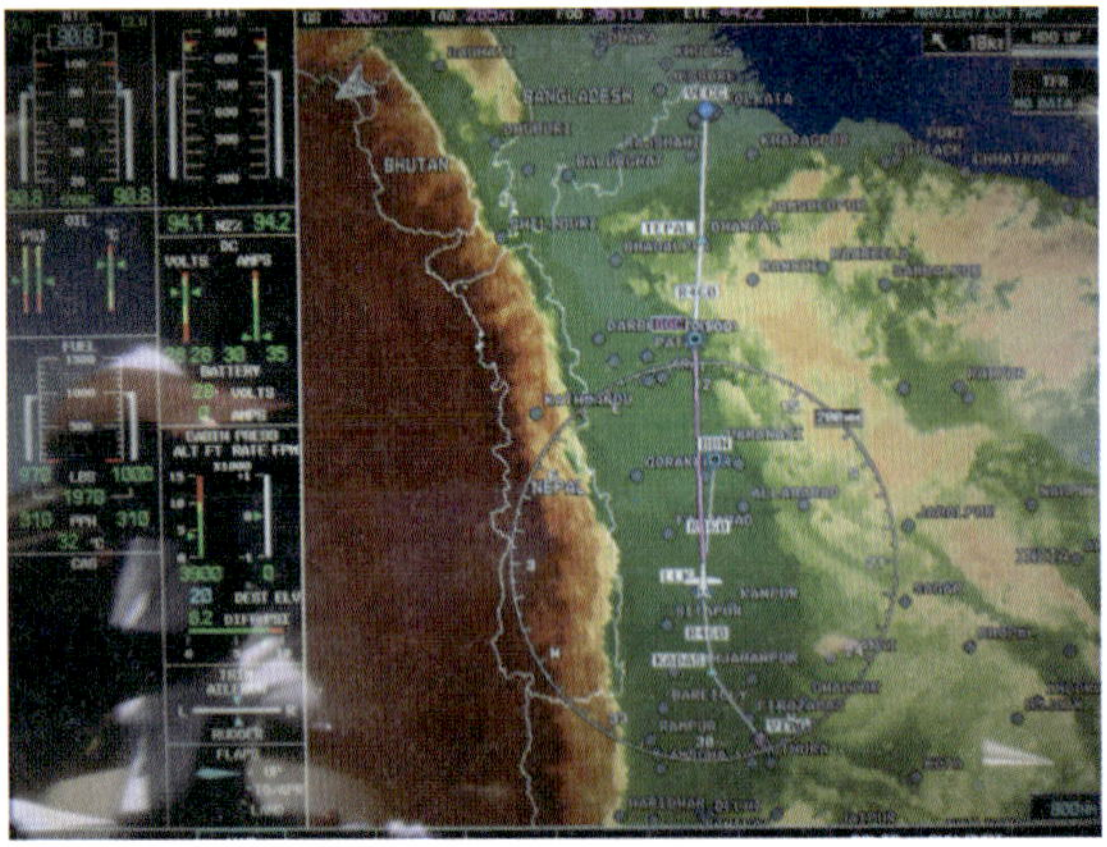

計器上左がネパールの空域、対地速度（GS）300ノット燃料消費が毎時600ポンド、このまま飛行すれば着陸時に961ポンドの燃料が残る。

沌とした人混みだけかと思いながら漠然と街のようすを眺めた。

　コルカタ国際空港の上空にはベンガル湾からモンスーンに乗ってやってくる厚い雨雲がかかっていた。6月から雨期に入り気温も上昇、42℃とかなり蒸し暑い。出国手続きを終えムスタングに乗り込むとすぐに離陸許可が出された。周囲がよく見えない雲の中を上昇していくと高度7000メートルで管制官からストップがかかった。この日に限って空域が混雑しているようで衝突を避けるためそれ以上高度を上げる許可を出さない。仕方なく高度7000メートルを維持して飛行を続けると上空の気温が低いため雲の水蒸気が凍って機体に付着する。久しぶりに除氷装置を作動させた。

　タイのチェンマイまではベンガル湾を越えてインドシナ半島の内陸部まで約1100キロ、2時間20

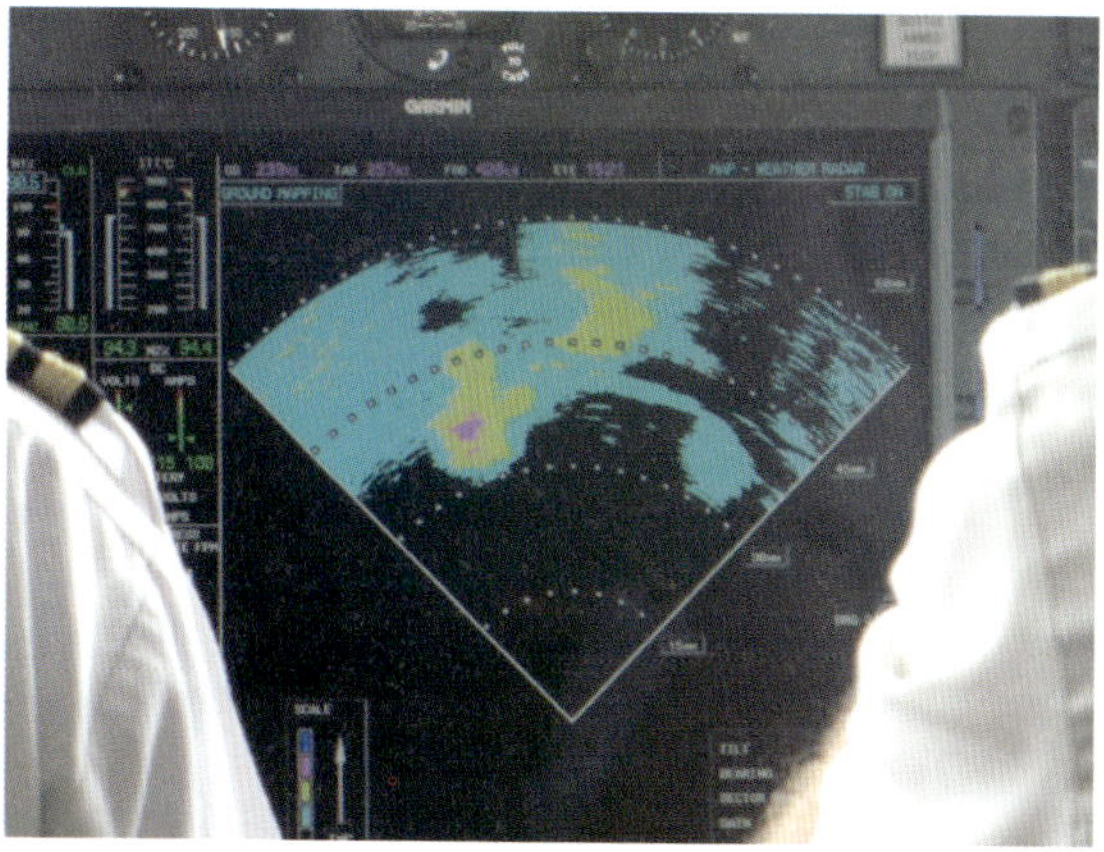

レーダーに映し出された赤い2つの点。大きな積乱雲を示している。2つの間を突っ切るか右に旋回するか悩んだ。

分の飛行になる。航続距離は心配ないが7000メートルの低い高度では燃料を食ってしょうがない。それに視界の悪い雲の中を飛ぶことになる。レーダーを頼りに飛行を続けると前方に赤く2つの大きな積乱雲が映し出された。積乱雲の間を通り抜けるコースも考えたが冒険はしたくない。右に大きく旋回してぐるっと遠回りした。やがてタイの管制官が管理する空域に入り高度を上げる許可が出た。上昇を続け高度8100メートルに達したところで雲の上に抜け出た。青空が広がりもう危険はない。

「おーい、すごい雷で怖かったよ。そっちのようすはどうだい」

無線の声は後続機のダグさんだった。近道しようと2つの積乱雲の間を通り雲に突っ込んだらしい。

「雲をよけて高度8100メートルを飛行中です」

「それじゃ、こちらのほうがチェンマイに先につくかもしれないな。あの積乱雲はすごいパワーで大きく揺れたよ」

「了解、それではチェンマイで会いましょう」

雲の上を飛びながら爽快な気分で無線機に話しかけた。

第5章

世界一周

東南アジアから日本へ

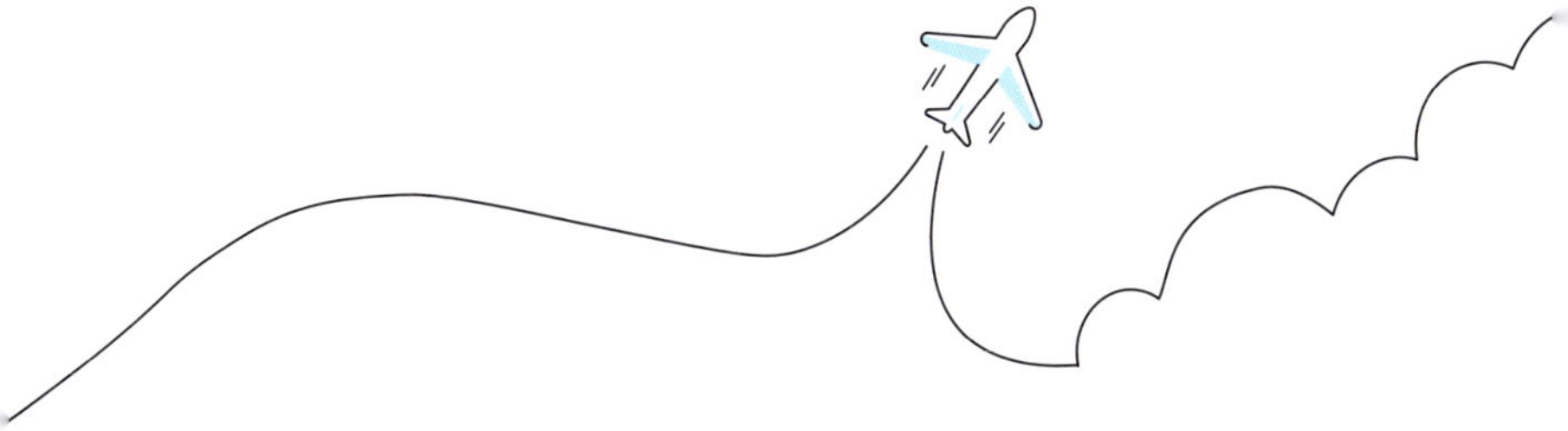

ベンガル湾を越えタイのチェンマイに到着

コルカタ国際空港を飛び立ってから約2時間、ベンガル湾を越えチェンマイ国際空港に近づくと、空港の管制官にコンタクトを取り天候を聞いてみた。「気温28℃、湿度60パーセント、晴れ」と応答してきた。蒸し暑く気温42℃のコルカタにくらべると真夏の北海道のような爽やかさだ。

やがて雲海が開け緑の山々に囲まれた平野の中にチェンマイの市街地が見えてきた。周囲の山々は標高1000メートルを超え、市街地の南西60キロにはタイの最高峰、標高2565メートルのインタノン山がそびえている。管制官の誘導では特に乱気流も発生していないようだ。視界良好なので目視で着陸誘導コースを降下、滑走路の中央センターライン上に降りた。

雲海を抜けると
チェンマイ国際
空港が見えた。

駐機場に止めターミナルビルの入国審査カウンターに行くと、審査官が「よくいらっしゃいました」と言わんばかりの笑顔を浮かべポンポンとパスポートにスタンプを押した。手荷物検査でも日本人によく似た女性係官が優しく微笑みながらしとやかに通関手続きをしてくれた。これまでの空港では女性係官にしてもギスギスして、クールで事務的な印象を受け、おもてなしの心遣いを感じることはなかった。それにくらべ対応のよさに雲泥の差があり、チェンマイ国際空港は微笑みと優しさにあふれていた。やっと日本人の常識が通用する普通の国に戻って来たとかすかな喜びを覚えた。その喜びはホテルからの迎えの車に乗り市街地を走るとさらに増幅された。

空港のターミナルから緑に囲まれた広い道路に出ると、どの車も車線を守って静かに走っている。歩行者も車道にはみ出すような歩き方はしない。当たり前のことだが、なんと穏やかで平和な国に来たんだろう。これまでたどってきた未知の異文化の国々とはがらりと雰囲気が変わり、優しい微笑みに接し馴染みのある田園風景を見るとようやく自分のテリトリーに帰って来たんだという感慨深い思いが湧いてきた。

チェンマイは「タイの京都」と言われるように歴史が古い。街には寺院が多く緑にあふれていた。バンコクに次ぐタイ第2位の都市と言われるが沿岸部とは違い標高300メートルの高地にあり、車の窓を開けると爽やかな風が流れ込んできた。

宿泊先に指定されたフォーシーズンズ・リゾート・チェンマイはこぢんまりとして静かなたたずまいだった。市街地の中心部にあるのに田園風景の中に溶け込んでいるような雰囲気を醸し出している。

部屋に案内され荷物をほどいてホテルの庭をぼんやり眺めながらふと考えた。

――きょうは6月16日。ここまでくれば何があっても一人で日本へ帰れる。プロペラ機のマリブではフィリピンまで何回か来ている。いざとなったらフィリピン、沖縄を経由して戻れる。ましてやジェット機のムスタングだ。性能が格段に違う。心配することはない――

そう考えるといつもまとわりついていた緊張感と不安から解放されストレスがスーッと抜けていっ

フォーシーズンホテルからのながめ。

た。これからは余裕をもって旅を楽しめるだろう。爽やかな開放感に全身が包まれた。

夕食はシェフが目の前で料理を作り説明を聞きながら食べる形式だった。みんなシェフの周りに集まり即席の料理教室の雰囲気だ。ワインを飲みながら料理の腕前を拝見していると、タイ人のシェフの左胸と右腕に小さな顔の入れ墨がある。

「その入れ墨は誰の顔だい」

「胸のは娘で、腕のは息子です」

シェフは嬉しそうな顔で答えた。

「それじゃ、奥さんの入れ墨はどこにあるんだい」

そう言葉を投げかけて、しまったと気ついた。シェフはモジモジして答えない。たぶん離婚でもしているのだろう。「パンツの中あたりじゃないの」と冗談につなげるつもりでいたが、聞いてはいけないプライベートに突っ込みを入れてしまったようだ。雰囲気がぶち壊しにならないよう「ソーリー」と謝ってその場をつくろった。

なにしろこの旅行に参加しているメンバーは離婚&再婚組ばかりだ。個人主義の外国人たちの前で、他人に触れられたくない離婚話を持ち出したら総スカンを食ってしまう。

たとえばジェリーさんとローリーさんは年齢差が倍もある再婚組。ダグさんとエーリさんの場合は、15歳の長男ディロンくんと13歳の長女ミーガンちゃんは前妻の子、６歳の次女ケイティちゃんがエーリさんとの間にできた子だ。カナダから参加しているローンさんとリンさん夫妻もだいぶ年の差がある再婚組。プロペラ機のＴＢＭ７００に乗っているフランス人のルイさんとアンヌさんは元夫婦の離婚組だ。危ないところでみんなから嫌われるシークレットゾーンに触れるところだった。

この旅行で外国人と行動を共にして感じたことがある。男性は女性に対してとにかく優しい。荷物を持ち、ドアを開け先に行かせ、椅子をさっと引く。これがジェントルマンとしての努めなのだ。女性のほうも当然のようにサービスしてくれるのを待っている。お姫様のように扱われるのが当たり前だと思い込んでいるのだ。

悲しい習性のように思えてならない。あえて、この「生態」をもとに個人的な考察を言うと、恋愛時代の若いころならまだしも、表面的に女性を大切に扱うことで大きな勘違いが生まれ、抜き差しならない行き違いに発展している。一般的な中流層を想定しての話だが、結婚して子供ができると女性はベビーシッターを雇い子育てをせず、家事や料理をほったらかしにしてスパに通い若返りに必死になる。このころになると旦那のほうは仕事にも成果を上げ、ある程度の地位と収入を得られるようになる。経済力があり魅力的な男性を若い女性たちが放って置かない。

ローリーさんの話では「ハンサムな男はバーでお酒なんて買わないわよ。女たちが寄ってたかってごちそうするから」ということらしい。男が一杯おごって女性をナンパするなんてシーンは古い映画の中の話で、現実はずっと進んでいるようだ。若い魅力的な女性から積極的にアプローチされれば男だってその気になる。もはや家事も子育てもしないで、いつまでもお姫様のように扱われることを望む嫁に愛想がつきて離婚に発展する。

旅行中、アメリカ人の若い奥さんたちは家内に「女は家事をしてはダメよ、スパに行っていつまでも美しくしていることが、女性としての努めよ」と熱心に説得していた。あまりよけいな外国式のやり方を教えないで欲しいと思った。

男性たちも家内に対する接し方についてよく注意をしてきた。荷物を持たせたりドアを開けさせたりするといちいち「日本人の男はそんなふうに女を扱うのか」と言った。大きなお世話だが旅行中は仕方なく彼らのやり方にしたがった。

余談になるがこのサービスが帰国後も悪い生活習慣となって残った。日本で家内は荷物を持たず、ドアの前で開けてくれるのを待つようになっていた。先ほどの理論ではないが「アメリカ人の男たちは儀式として女にサービスしているだけだ。表面上の優しさで、本質的には優しくない。その証拠に全員が離婚しているだろう」と、よくそう説明して彼らのやり方がただの儀式であることを説明した。

翌日は一日ホテルでのんびりと過ごし、２日後の６月18日にはチェンマイ郊外のメーサ渓谷にある「メーサ・エレファント・キャンプ」に行った。象のサファリパークのようなところだ。

チェンマイの中心部から車で約40分、渓谷の山道を走るとうっそうとした密林地帯に入った。入り口の駐車場に車を止めて徒歩でキャンプに向かった。びっしりと植物が生い茂り薄暗いジャングルが続き虫も多い。蚊に刺されればマラリアやデング熱に感染の恐れがある。ホテルを出る前、虫除けスプレーをたっぷりかけてきた。

途中、急流に架けられた竹の吊り橋を渡るとゆらゆら揺れて足元が危ない。ちょっとスリリングな気分で渡りきると、太い木の柵の中に象たちがいた。全部で70頭ほどのアジア象が飼育されているそうだ。飼育係からバナナを渡され象に直接食べさせた。近寄ると頭が岩石のようにでかく迫力がある。

しばらくすると象のショーが始まった。象使いいた

象に乗るツアーに行く。途中木でできた揺れるつり橋を渡る。

象にバナナをやる。

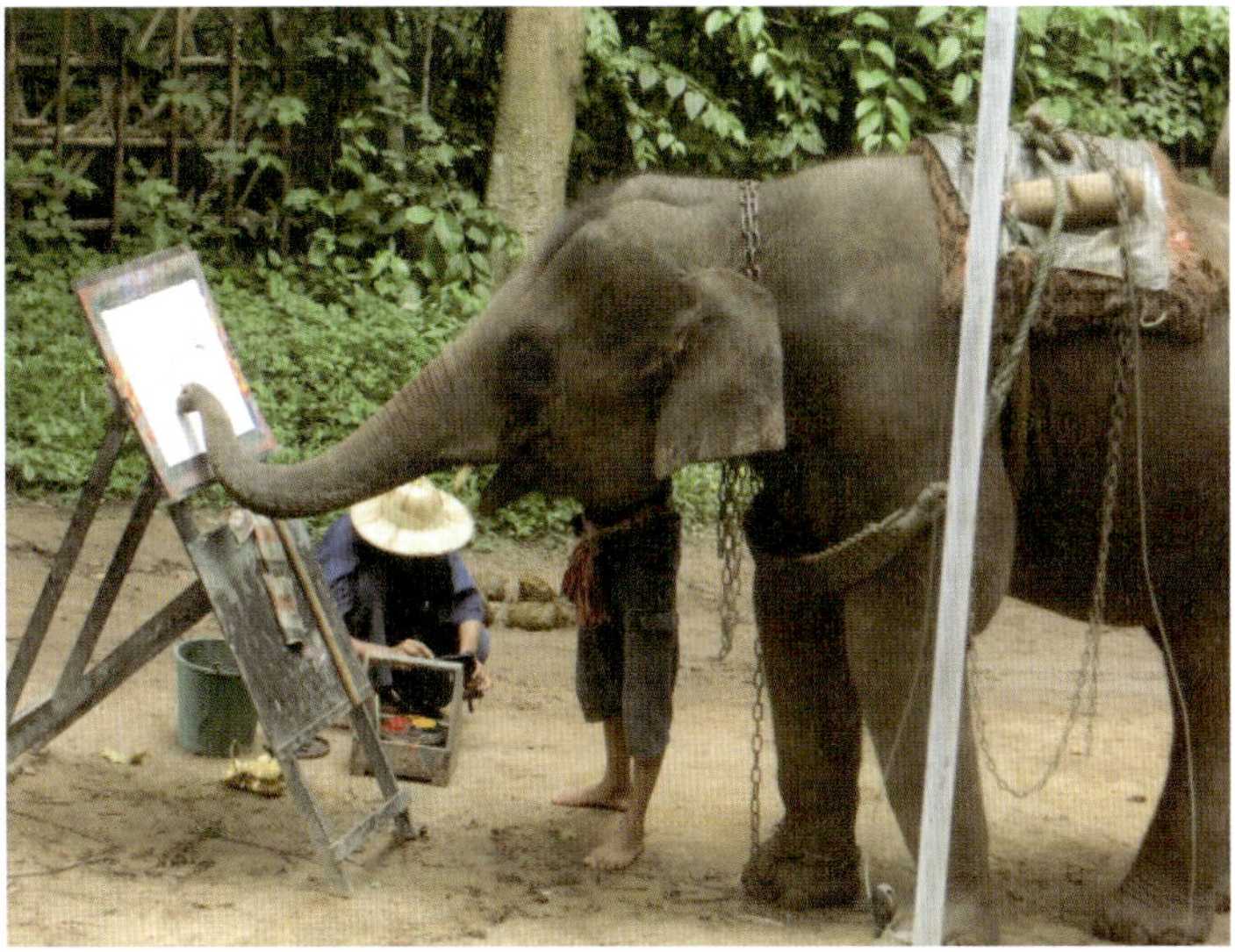

象が鼻を使い絵をかく。

ちが6、7頭の象を河原に連れて行き体を洗ってやる。象の体を洗うシーンを見せられても退屈だが、ファミリー客向けのご愛嬌といったところか。次に象たちは、象使いが持った棒の動きに合わせて一斉に川の中で体を横にしたり、鼻だけを潜望鏡のように出して呼吸したり、鼻から水を吹き出してかけ合ったりの芸を披露した。これはそれなりにおもしろ味があり拍手がわき起こった。芸のしめくくりは象の鼻に筆を持たせてのお絵描きだ。赤、黄、緑の絵の具を使い花の絵を描いて見せた。荒っぽい筆使いだがそれなりの形にはなっている。象にしてはうますぎると観察していたら陰で象使いが鼻を動かしているのがわかった。これもご愛嬌だ。

いよいよハイライトの象の背中に乗ってジャングルを探検するエレファント・ライドが始まった。観客席の一段高くなったところから象の背中に乗り移

象がかいた絵。

る。背中には二人掛けの木製の座席がくくりつけられ家内と一緒に座ると意外に位置が高く安定がいい。

象はジャングルの茂みをもろともせずのっしのっしと進んで行く。そのうち崖に出ると河原に向かって降りて行き、そのまま川に入って歩きだした。10頭近い象が隊列を組み川の中をずんずん行進していく姿は迫力がある。背が高いので水しぶきもかからない。上流の村にたどり着くと象から降りてお昼になった。軽くサンドイッチを食べ、午後からは太い竹で組まれた筏に乗り川下りをしながら帰ることになった。筏といっても幅5メートル、長さ20メートルもありがっしりしている。

竹の筏は安定感がよく流れに乗ると川のせせらぎと鳥の鳴き声だけが聞こえてきた。自然の雄大さを感じながら筏の上に寝そべり目を閉じるといつのま

象の背中に乗ってジャングルを歩き、川の中までも入っていく。

にかうたた寝をしていた。

アンコール・ワットの国カンボジアは空港業務も完璧

チェンマイ国際空港の滑走路で離陸の準備をしているとダグさんがやってきて機体の下を覗き込んだ。

「おい、タイヤ圧がたりないぞ」

言われてみれば確かにタイヤ圧があまいようだ。ジェット機のタイヤには窒素ガスを充填する。空気だと膨張率が高くパンクの危険があり、含まれる水分の氷結と溶解、酸素による錆の発生などさまざまな問題が生じる。上空1万メートル以上になればマイナス40℃以下で気圧も低い。地上に降りれば気温40℃を超える砂漠地帯もある。さらに着陸時の衝撃

帰りは竹でできた筏に乗って下る。色々な乗り物に乗る旅行だ。

と時速200キロ以上で走行する摩擦熱にも耐えなければならない。過酷な条件に耐えるため窒素ガスが使われるのだ。

あいにく予備の窒素ボンベは用意していなかった。空港の整備員に相談しようとしたらダグさんが小型ボンベを抱えて戻ってきた。

「俺のを使いなよ」

そう言うとダグさんはタイヤに窒素ガスを充填した。ありがたい。これで助かった。ダグさんに礼を言うとムスタングに乗り込み管制官からの離陸の指示を待った。これからチェンマイを後にしてカンボジアのシェムリアップまで飛ぶ。南に830キロ、1時間45分の飛行だ。

上空にはスコールの雲がかかっていたが、離陸許可をもらい一気に5000メートルまで上昇すると太陽の光が明るく輝く青空の中に飛び出した。くど

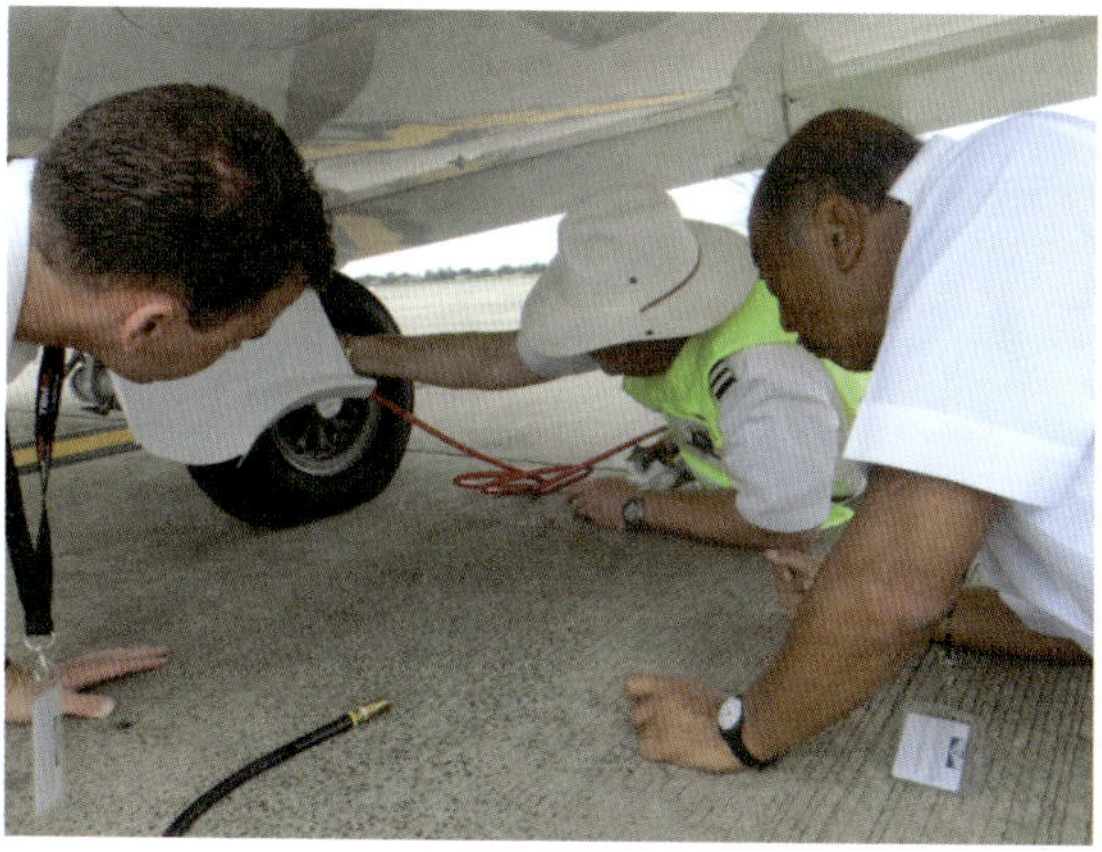

ダグさんが自分の機体から窒素注入器を持ってきてガスを入れてくれた。暑い中ダグさんありがとう!!

いようだがこの瞬間がたまらなく好きだ。「やったぜ」という感じで快感が背筋を走り抜ける。

途中、積乱雲の発生もなくオートパイロットで順調に飛行を続けた。操縦桿から手を離し特にやることがない。眼下にはグリーン一色で塗られた豊かな大地が広がっている。

飛行コース確認のためiPadで航空図を見た。航空図はエアジャーニー社がインプットしたアプリを使ってiPadで見る。インドのアグラ空港のような特例を除いてプリントアウトされた航空図を使うことはない。ペーパーの航空図を用意するのは手間がかかり整理が大変だ。iPadを使う最新のやり方は便利でとても進歩的だ。それでもフランス人のルイさんだけはペーパーの航空図を用意していた。iPadも使うが上空に上がって水平飛行に移ったら航空図を広げゆっくりとコーヒーを飲むのが日課になっているらしい。ペーパーの航空図は広い範囲を見られるのがいいと言うが、フランス人は本当に頑固だと思った。

シェムリアップはアンコール遺跡で有名なカンボジア北部にある街だ。近くには東南アジア最大の湖、トンレサップ湖がある。シェムリアップ国際空港に近づくと滑走路よりも規模が大きい遺跡の数々と満々と水をたたえたトンレサップ湖が見えた。空港の管制官に連絡すると上空を1回旋回してから降下するように指示を受け軽やかに着陸した。

誘導路から駐機場に入れると早くもハンドリング会社の社員が待ち構えていた。段取りがすごくいい。ほとんどの空港には給油の手配、駐機場の確保などを専門に請け負うハンドリング会社がある。自家用機のパイロットにとっては頼りになる存在だ。エアジャーニー社もハンドリング会社を使ってさまざまな業務を委託している。

ハンドリング会社の社員は満面の笑みを浮かべて「パスポート、プリーズ」と言い受け取るとホテルからの送迎車に案内した。まだ入国審査も済んでいない。このまま街に出ていいものか判断に迷っていると「パスポートはあとでホテルに届けます」と言って車のドアを閉めた。

言われるままにホテルに向かいチェックインをしているとパスポートが返ってきた。入国手続きは済

シェムリアップ空港。

んだと言う。外交特権でもあるかのように本人不在で入国審査ができるとは大変な効率のよさだ。いっぺんにカンボジアが好きになった。

これまでカンボジアというと暗いイメージがつきまとった。ベトナム戦争の混乱からポルポト政権が誕生して国民を大量虐殺。その後も長く続いた内戦で国は疲弊していった。当時の印象が強烈に残り極貧の発展途上国のままだと思い込んでいたが内戦が終わってから20年がたつ。インフラ整備も徐々に進み平和で安定した社会をつくり上げていた。世界を知ることは先入観にとらわれず実際に見て感じることが大切だと実感した。

ホテルのレストランでは、夕食時に長い爪をつけた指をしなやかにくねらせるカンボジア伝統の民族舞踊がおこなわれ、我々もステージにあがらされた。

アンコール遺跡の観光にはトゥクトゥクを利用し

ホテルのディナーショー。我々も舞台で踊った。

た。トゥクトゥクはオートバイの後ろに座席をくくりつけたタクシーだ。名前の由来は使われているホンダのバイクがトゥクトゥクというツーサイクルのエンジンの音をたてることからきているらしい。アンコール遺跡は１カ所だけでなくシェムリアップ平野の広大なジャングルの中にいくつも点在している。主な遺跡を見るだけでもトゥクトゥクに乗って移動しなければ回りきれない。

初めに一番有名なアンコール・ワットを訪れた。遺跡は南北１３００メートル、東西１５００メートルの四角い掘に囲まれ堀の幅は１９０メートルもある。堀の外側は現世で内側はヒンドゥー教の神の世界だ。堀に架けられた虹の架け橋を渡るとカンボジアの国旗にも描かれている３つの塔がジャングルの中に見えた。塔は13メートルの高さがあり観光用に細い急な仮設階段が取り付けられていた。大勢の観

トゥクトゥクに乗って、遺跡をまわる。

アンコール・ワットのメインの建物。

アンコール・トムの女神の顔。

光客の後ろに並んで一歩一歩ゆっくり上った。汗が噴き出し神様に近づくのも楽ではない。頂上に登ると神のご加護か涼しい風が吹き抜けほてった体を冷やしてくれた。

次に訪れたのはアンコール・トムだ。ヒンドゥー教と仏教の混交寺院跡で、遺跡の塔にはバイヨンの四面像といわれ高さ2メートルもある巨大な女神の顔が彫られていた。100体以上も女神の人面像があり一つ一つ表情が違うそうだ。

ジャングルと一体化した大きな女神の顔をゆっくり見て回わった。そのうちの一つにガジュマルの大木が太い根を絡みつかせていた。うっそうとしたジャングルの中で神秘的なムードを漂わせている。なんとも言えない迫力があると思ったら、アンジェリーナ・ジョリーが映画『トゥームレイダー』でロケに使ったという。それ以来、ガジュマルの木はア

フランス人のルイさんの奥さんと記念撮影。うしろが『トゥームレイダー』の映画で使ったガジュマルの木。

ンジーの木と呼ばれるようになったという。

カンボジアのシェムリアップからマレーシアのランカウイ島まで飛ぶ。約1時間45分の飛行。

目的地ランカウイ島までテリーさんが来ているというので、Gさんと飛ぶのはこれが最後になる。最後に操縦をやらしてくれというので、今日は彼がパイロットで私が無線を担当した。

順調に飛行し12000mまで上昇。途中11000mの高度まで入道雲の天辺が出ていた。

目的地上空で左側に巨大な雲があり、右によけて通過。

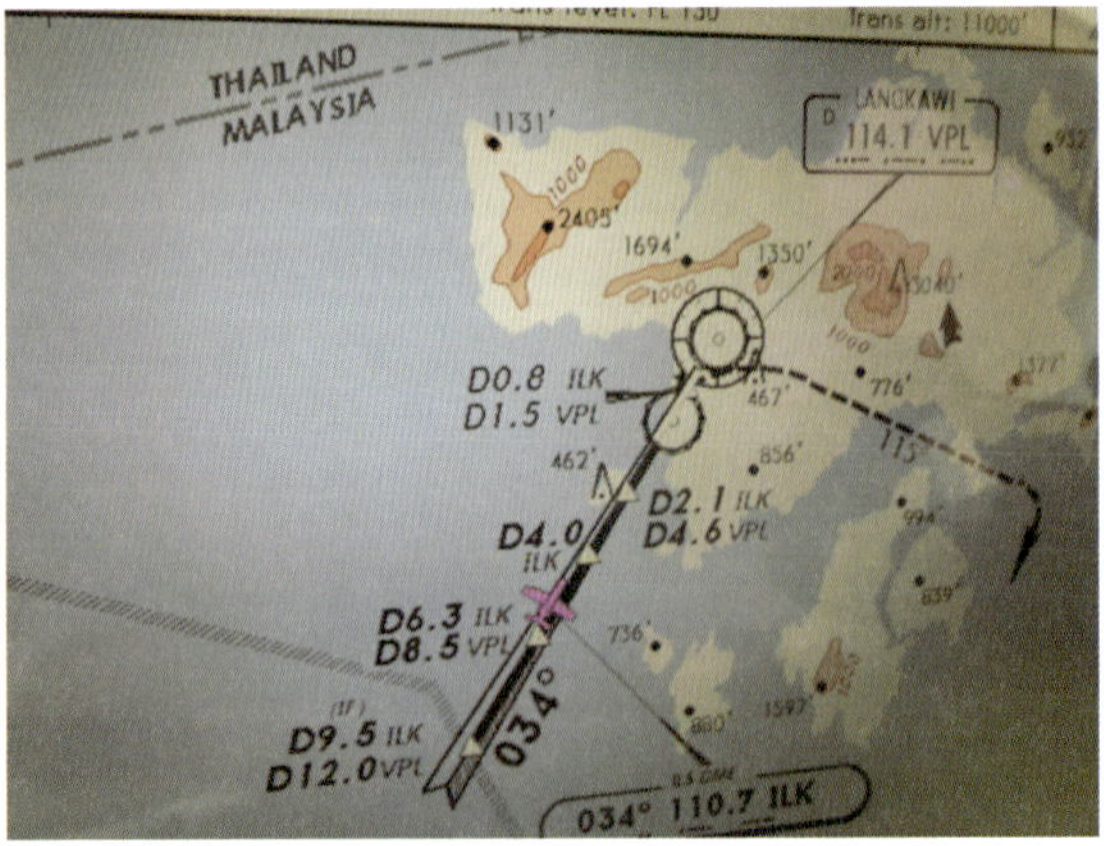

滑走路03に向かって降りていくピンクの自機が出ている。自分の位置がわかりとても便利。

1500ft まで降下。ガーミンの画面上ミニチュアの滑走路がみえる。

海に突き出たランカウイ島の滑走路。

ランカウイ島の冒険飛行で危機一髪

カンボジアのシェムリアップでアンコール遺跡を観光したあとマレーシアのランカウイ島に移動して3日がたつ。ヨットに乗りビーチで泳ぎリゾート気分を満喫してのんびりするのもいいが、飛びたい気持ちが先に立って飽きてしまった。

飛行機乗りは一日操縦桿を握らないと飛びたくてウズウズしてくる。

「サントリーニ島でやったように島の上空を飛び回ってみないか」

朝からプールサイドでゴロゴロしているとダグさんが声をかけてきた。そばにいたルイさんとGさんが「いいね」とすぐに反応した。

「このフォーシーズンズホテルの上を飛んで驚かせてやろう」

「それなら、私のプロペラ機TBM700のほうがいいでしょう」

「ホテルの写真も撮ろうよ」

「ちょっとした遊覧飛行だから手ぶらでいいね」

ノリノリで意見を出し合い30分後の10時にロビー集合で話がまとまった。食事のメニューを決めるのに1時間もかかるくせになんという早業だろう。

ちょうどこの6月23日にアメリカから戻ってきたテリーさんがホテルで待機、降下するＴＢＭ７００の写真を撮ってくれることになった。皆一周するだけと思っているので、カメラだけを持ちビーチサンダルに短パンでホテルを出発した。

ランカウイ国際空港に着き管制官に話をすると、高度２４００メートルで反時計回りに島を１周する条件で飛行許可が出た。管制塔から駐機場に向かうとグループのジェット機４機とＴＢＭ７００がズラリと一列に並び壮観な眺めだ。

「操縦は俺にやらせてくれないか」

乗り込む前にダグさんが言った。ルイさんは気軽にＯＫしたがダグさんはＴＢＭ７００の操縦経験がない。一度やってみたかったのだろう。

ダグさんが操縦席、ルイさんが助手席に座り、Ｇさんと二人で後部座席に乗り込んだ。操縦の腕前拝見と写真撮影担当というわけだ。空港の上空は先ほどまで晴れていたが滑走路の先にポツポツと黒雲が浮かんでいる。亜熱帯特有の気象現象で急に積乱雲が発生したようだ。ちょうど反時計回りに左旋回する飛行コース上にある。

離陸許可が出て高度２４００メートルまでまっすぐ上昇、指示された反時計回りに旋回すると、いかにも待ち受けていたような黒雲に突っ込んだ。地上から見るとさほど気にならない雲だったが、突入してみると大きな積乱雲で雷までともなっている。すぐに周囲がまっ暗になり上下左右に激しい揺れが襲ってきた。操縦席と違い後部座席は箱の中に入れられたようで揺さぶられると気分が悪くなり酔ってきた。操縦しているのはこの機体に乗ったことがないダグさんだ。

機体にＧＰＳは装備されているが機種が古く島の地形は出るが標高がわからない。このまま２４００メートルの低い高度で飛び続けるのは危険だ。ランカウイ島はサントリーニ島と違い大きさが淡路島の３分の２はある。地形も平坦ではなく標高１０００メートル近い山もある。下降気流に巻き込まれれば激突しかねない。陸地を避けて海上に出なければ危険だ。周囲は暗くて何も見えない。ＧＰＳの画像だけではどこを飛んでいるのかわからなくなった。

「Ｎ７００ＫＶ、応答せよ！　Ｎ７００ＫＶ、応答せよ！」

空港の管制官がしきりに呼びかけてきた。

「こちらＮ７００ＫＶ、レーダー誘導をお願いしま

快晴の中、空港に着くと我々の機体が並んでいた。左に少し黒雲が見える。この時は快晴でもあり、誰も気にしなかった。

す」

「N700KV、応答せよ！　早く応答せよ！」

　あれっ、こちらの無線が聞こえていないようだ。もう一台の無線機を使おうとしたらルイさんが壊れていると言う。なんてことだ。頑固なフランス人はモロッコからここまで一台の無線機で飛んできたのか。あきれてものが言えない。TBM700の操縦になれていないダグさんはまっ赤になり汗だくで操縦、必死に管制塔への呼びかけを続けている。いったいどうなるのだ。背中を冷たい汗が流れ落ちた。

　状況が差し迫り事故が起こる時の見本のようだ。ビーチサンダルに短パン、バカンス気分で航空図さえ待っていない。航空図にはいざというとき周辺の航空施設の周波数が書いてある。iPadを一台持ってくれれば済んだはずだ。悪天候、不慣れな操縦、無線機の故障と悪条件が重なっている。このままでは生きて帰れないかもしれない。強い不安感に襲われた。

――せっかく安全のため最新鋭のジェット機を買ったのに、プロペラ機に乗って山にぶつかって死ぬのか。あとで事故を検証した人たちはなんて言うだろう。なんでビーチサンダルで死んだのか、なんでなんの準備もしないで飛行機に乗ったのか、単に無謀なだけの人たちなのか――

とりとめもない不安が次々に脳裏をよぎり写真撮影どころではなくなった。焦りが頂点に達したとき無線機から管制塔に呼びかける声が聞こえてきた。近くを飛行している航空機だろう。無線は使える。管制塔の無線機が壊れているのだ。航空機と連絡が取れれば必要な情報を聞き出せる。呼び出すと応答があり、この空域を管制しているレーダー施設の周波数を聞き出すことができた。

レーダー施設に周波数を合わせると無線が通じ空港の着陸進入コースまでレーダー誘導を依頼した。これで周囲が見えなくても安全に飛行できる。レーダー誘導にしたがって飛行するとすぐに空港に近づいた。どうやら私たちが乗ったＴＢＭ７００は空港の近くで迷子になっていたようだ。やがて空港から出ている着陸誘導電波をキャッチして無事に着陸できた。やれやれ命からがらようやく危機的状況から解放された。

駐機場にＴＢＭ７００を止め機外に出ると、体が恐怖感を覚えているようで足がガクガクしてうまく歩けない。やっと車にたどり着きＧさんと一緒に後部座席に乗り込んだ。みんなだまって車を発進させ逃げるように空港を後にした。ホテルに向かう途中、Ｇさんがスマホに何か打ち込んでそっと画面を見せた。「ねっ、だからジェット機を買ってよかったでしょう」と書いてあった。顔を見合わせると若いGさんはちゃめっ気たっぷりに微笑んだ。

Gさんとはきょうでお別れだ。テリーさんとバトンタッチしてアメリカに帰る。息子と同年齢の好青年だ。もう二度と会うこともあるまい。一抹の寂しさが込み上げてきた。

空港から20分ほど走りホテルに着くと先ほどの雷雲が後を追うようにやって来た。あたりは暗くなり稲妻が光ってバケツをひっくり返したようなどしゃ降りになった。ホテルのロビーから地面にたたきつける雨のしぶきを見ながら空を、そして飛ぶことをなめてはいけないと思い知った。いい勉強になった……。

シンガポールの空港で危険な着陸コースに挑む

ランカウイ国際空港の滑走路に立ち上空を隅から隅まで眺め回した。雲一つない快晴だ。天気図にも雲の影はまったく映っていない。きのう雷雲に巻き込まれ、大げさに言えば九死に一生を得たばかりだ。慎重にならざるを得ない。これからマレー半島の突端にあるシンガポールまでまっすぐ南下して７００キロを飛ぶ。飛行時間は1時間30分の予定だ。安全確認完了。雲の影響を受けず高度１万１０００メートルまで無事に上昇できるだろう。

それでも離陸して1時間ほど飛行すると前方に巨大な積乱雲が湧き上がってきた。高度1万メートルに達する積乱雲は上昇気流と下降気流が激しいことを意味している。レーダーにも赤い雲の塊が映し出された。大きく迂回して積乱雲を避けるとその先にも次々と雲が湧き上がっている。このあたりは赤道に近く熱帯雨林気候で高温多湿、常に巨大な積乱雲が発生しているのだろう。

シンガポールはマレー半島とジョホール海峡で隔てられた島国だ。面積は東京23区と同じくらいしかない。その狭い国土に4つもの空港が密集している。そのうちの2つは軍用空港で不用意に近づくと警告の対象になり対空砲火の照準を合わせられる。民間機が利用できるのはチャンギ国際空港と軍民共用のセレター空港だ。今回はセレター空港を利用するこ

左側に巨大な積乱雲があった。レーダーで真赤なコンタクトがある。昨日はこんな雲の中に突っ込んだんだろうなと思った。

となっている。

シンガポールに近づき航空図をチェックすると空港近くの一地点が示され、そこまで飛んできたら右に旋回して降下せよと書いてある。これでは旋回半径も降下高度もわからない。通常の航空図には、空港の16キロ以内で旋回し高度600メートルまで降下せよと具体的な指示が書かれている。その指示にしたがって高度と距離を計器で確認しながら着陸する。セレター空港への着陸は航空図とにらめっこしながら地上のようすを目で確かめ有視界飛行で操縦するほかない。よりによって空港が4カ所も密集するシンガポールでこの着陸の仕方とは厄介な話だ。

気を引き締めて高度3000メートルまで降下すると真珠玉のような小粒の雲が密集して浮いている。この程度の雲なら危険はない。高度をさらに下げ1200メートルで雲から抜け出すと一気に視界

無事通過。

が広がった。シンガポールのすべてが見渡せ市街地、緑地、港湾施設、空港施設が識別できる。コンパクトにまとめられたジオラマを見るようだ。東側の端に２本の４０００メートル滑走路が並行して伸びるチャンギ国際空港が見える。そこから西に１本、２本、３本と間隔を置いて３本の滑走路が見える。まん中に位置する湾岸沿いの滑走路がセレター空港だ。セレター空港は１８００メートルの短い滑走路が１本しかない。チャンギ国際空港にくらべると10の1程度の規模だ。

セレター空港の滑走路を目指して降下すると港湾に並ぶコンテナクレーンが邪魔になった。天を突くように伸びた先端の高さは１００メートルはあるだろう。通常の着陸高度で進入すれば引っかかる。注意深くコンテナクレーンを飛び越えてから一気に高度を下げ着陸に成功した。

シンガポールでの宿泊先は有名なラッフルズホテルだった。１８８７年に開業した１００年以上の歴史を誇る名門ホテルだ。名前の由来は、シンガポールをアジアとヨーロッパをつなぐ交易の場として開発したイギリス人のトーマス・ラッフルズにちなんでつけられたという。格式が高いホテルだけあってロビーに入るとウエルカムドリンクにシンガポールスリングを勧められた。かつてこのホテルの中国人バーテンダーが考案したものでドライジンとチェリーブランデーをベースに炭酸で割った甘いカクテルだ。女性に人気があるというが甘すぎてひと口でやめた。

　広い中庭を通り部屋に入ると歩くたびにギシギシ音がして家具やベッドが揺れる。床がフワフワして何か柔らかい物の上を歩いているようだ。1989年に改装工事が行われたそうだが古い建物の持ち味を残し、床のフワフワと揺れが名物になっているという。荷物をほどくとさっそく開発が進むベイエリアを見学に出かけた。

　シンガポールには20年前に一度来たことがあるが、当時は大きなライオンの胸像が口から水を吹き出すマーライオンぐらいしか見物するものがなかった。それが別世界に変わっていた。総合リゾートホテルのマリーナ・ベイ・サンズは海をバックに威容を誇っていた。高さ200メートルの高層ビルが3つ並んで建ち屋上をつなげて空中庭園にしてある。ここからはシンガポールが一望できる。屋上は船の

有名なラッフルズホテルのロビーでシンガポールスリングを飲む。

形にデザインされ長さ150メートルのプールもある。空中庭園からはすぐ隣に建設中の熱帯植物園ガーデンズ・バイ・ザ・ベイが見えた。パイナップルをいくつも並べたような奇妙な形の塔が建てられ近未来の建造物と植物園を融合させたテーマパークだそうだ。5日後の6月29日には一部がオープンするそうだが、残念ながらシンガポールを発ったあとで見学はできない。

　マリーナ・ベイ・サンズにはショッピングモール、レストラン、コンベンションホール、シアター、カジノとあらゆる娯楽施設がそろっていた。世界最大といわれるカジノに行ってみた。入口でパスポートを見せると通行証が発行されカジノの中では常に携帯していなければならない。一歩足を踏み入れるとスケールの大きさに圧倒された。1階には数え切れないほどのスロットマシーンが置かれ、バカラや21

船の形をしたホテル。マリーナ・ベイ・サンズ

をやるテーブルとルーレット台が数百台もある。そこに群がる数千人が夜通しギャンブルに興じているのだ。２階、３階はＶＩＰルームでテーブルの賭け金は最低５万円。飲み物も食事も無料で一晩に数億円を超えるギャンブルをしている。なんとも凄まじい熱気だ。マカオと並んで一大ギャンブル都市になっていることがわかった。近くにあるセントーサ島にはユニバーサル・スタジオ・シンガポールをはじめ水族館、博物館のほかトーナメントを開けるほど立派なゴルフ場も造られていた。

世界中から観光客とお金持ちを集め発展を続けるシンガポールは税金が安い。聞くところによると所得税は最高でも20パーセント以下、会社にかかる法人税もさまざまな控除があり10パーセント以下、相続税も贈与税もゼロという特典があるらしい。

そこで日本や中国といったアジアのお金持ちに１

屋上プール。

年のうち半年間をシンガポールで暮らしてもらい優遇税の恩恵を受けさせる。その代わりシンガポールにいる半年間は観光やカジノでお金を落としてもらうという狙いのようだ。最近は外国人のお金持ちがこぞって住居を手に入れようとするため不動産価格はうなぎ登りで小さなマンションでも1億円はするらしい。また国土が狭いため自家用車の取得が規制され高額の税金をかけられるため車が高い。カジノに行けるお金持ちには大した金額ではないのだろうが……。

マリーナ・ベイ・サンズのあとは夜だけ開園するナイトサファリを見にいった。開園時間は夕方6時から深夜12時。園内はトラムというドアと窓を取り払ったバスに乗って見学した。自然界の動物は暑い日中を避けて夜間に活動する。昼間寝転んでいるだけの動物たちが夜活発に活動するようすを間近で見た。動物たちの夜の生態を観察できるサファリとあって年間100万人もの観光客が訪れるという。

シンガポール滞在の最終日は海鮮料理のディナーになった。海岸沿いにある中華レストランに入ると海を渡る夜風が涼しい。ほてった体を優しく癒やすようだ。海鮮料理は水槽にいる魚やエビを選んで料理してもらう。味付けや料理方法も注文できる。先ほどまで泳いでいた食材が蒸し料理や炒め物になって次々に運ばれてきた。外国人の連中も箸を使って悪戦苦闘しながら料理にかぶりついた。食べた残りの骨や殻はテーブルクロスの上に吐き出したり床に落とす。散らかした量が多いほどおいしく食べて満足した証拠になるという。日本人とは感覚が違うようだ。

中国系のお宅に招かれた時には客は出された料理を全部食べてはいけないそうだ。料理がなくなると量が足りなかったのではないかと心配する。ほんの少し残すことがおいしく食べて満腹した意思表示になるという。日本では料理を残されるとまずかったのかと心配になる。客の満足度を量で判断するのか味で判断するのか、おもしろい文化の違いを感じた。

テーブルの周りが骨や殻でいっぱいになり、みんな満足してホテルに帰った。

海鮮レストランで現地のセスナ社のスタッフと夕食。シンガポールにはセスナ社のアジア支店がある。

ボロブドゥール遺跡がある空港は危険な旋回待機を指示

ＧＰＳの画面にカメラを向けじっとシャッターチャンスを待った。テリーさんも同じようにカメラを構え微動さえしない。飛行機が赤道をこえると計器が北緯を示す〝Ｎ〟から０にかわり南緯を示す〝Ｓ〟にかわるのだ。その瞬間を記念にカメラにおさめようとしていた。操縦はオートパイロットにまかせっきりだ。シンガポールを飛び立ち南に向けて飛行、インドネシアのスラカルタ（ソロ）に向かう途中だ。シンガポールは赤道から北に１３７キロしか離れていない。離陸すると高度を上げ早めにオートパイロットに切り換えた。ジェット機はスピードが速く赤道を通過する瞬間をとらえるのが難しい。

いまだ！　緯度０度を表示した瞬間、シャッター押した。確認すると１００分の８秒遅れて北緯から南緯に移っていた。まあ、いいだろう。この写真があれば自分のジェット機を操縦して赤道を越えたと自慢できる。これからしばらくは南半球の旅が続く。

目的地のスラカルタはジャワ島のほぼ中央にあり東西を山にはさまれた盆地だ。シンガポールからは１３００キロ、２時間15分の飛行になる。小さな島が点在するジャワ海を渡り目的地に近づくと一面雲に覆われ、２つの山が並んで雲の上に頭を出していた。ＧＰＳにも山が赤く映し出された。ＧＰＳには山の高さに準じて茶色、赤茶、赤と色分けして表示される。空港の周囲に赤く映る山があるのはパイロットにとって、あまり嬉しくない。飛行高度と山の高さを見くらべて飛び越えられるか、旋回して避けられるのか注意深く判断しなければならない。2つの山はラウ山3265メートルとメラピ山2911メートルだろう。どちらも標高が高い。

高度を1700メートルに下げ雲の下に出ると、2つの山の裾野に広がるジャングルの中にスラカルタの街とアディスマルモ国際空港が見えた。管制官に連絡すると旋回して待てと言う。

旋回するには高い山にはさまれて場所が悪すぎる。やれやれと思ったとき、かつて操縦訓練で教官に教えられた言葉が浮かんだ。

――悪い条件のもとではさらに悪い条件が重なる。それが普通だと考え落ち着いて対処しなければならない――

両脇に山がそびえ衝突の危険がある空域で旋回待機とは悪い条件が2つ重なっている。イライラするが冷静にならなければ、さらに悪いことを招きかねない。空港の上空を一度通過して旋回飛行に入った。

旋回といっても円を描いて飛ぶのではなく2つの山の間を行ったり来たり細長い楕円状に飛ぶ。山に接近したらUターンして引き返し反対側の山に近づいたらUターンで引き返す。山に向かって正面衝突するように飛んでいくのだ。山と山の距離は70キロほど離れているが標高が高くぶつかりそうな気がして嫌なものだ。冷や汗が出る。往復2回して3回目のUターンに入ったところで着陸許可が出た。

滑走路に降り立つとカラフルにペイントされた管制塔が目に入った。赤、白、青の3色でチェックに塗られている。グレー一色の管制塔しか見たことがないので赤道直下の南国を感じさせた。

通関を通り空港ターミナルを出るとホテルからの迎えの車が待ち構えていた。1機に1台ずつ用意されている。礼儀正しい運転手にホテルまでの所要時間を聞くとにっこり笑って「2時間です。サー」と

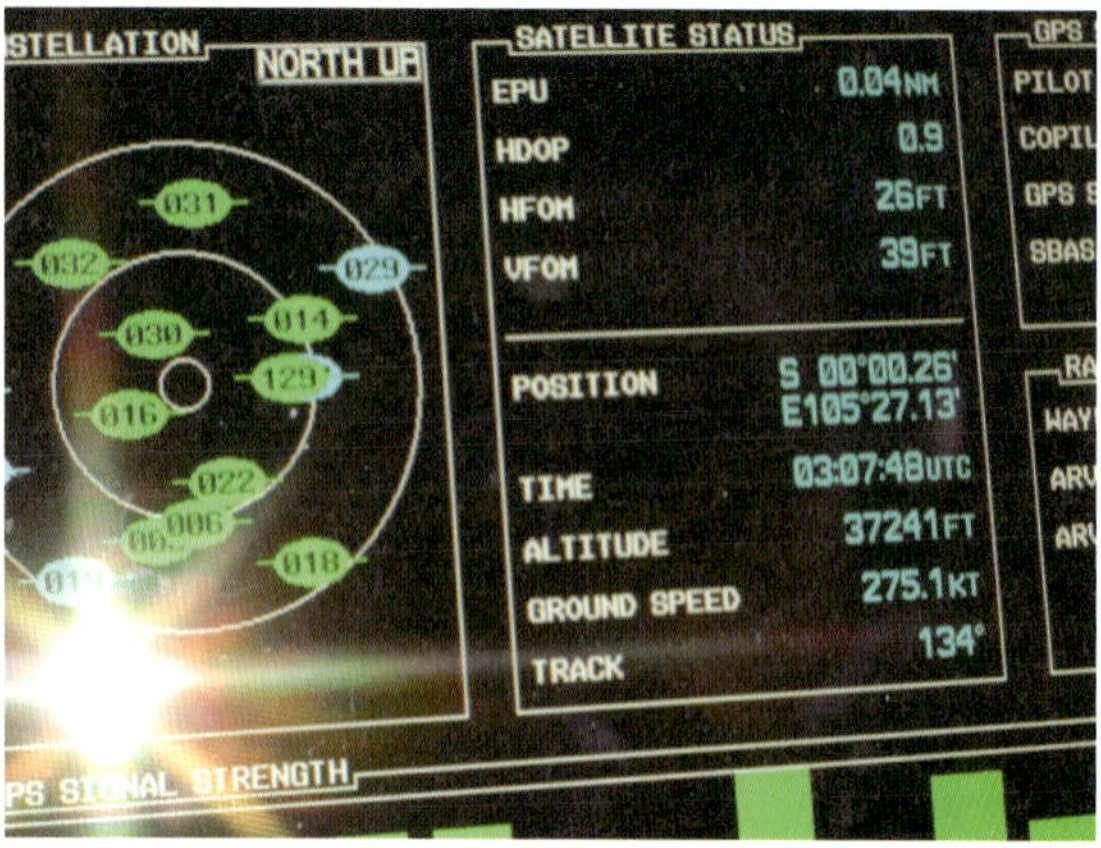

赤道を越えた瞬間 Position のところがNからSにかわり00.000となる。

雲の間から頭を出した２つの高い山。

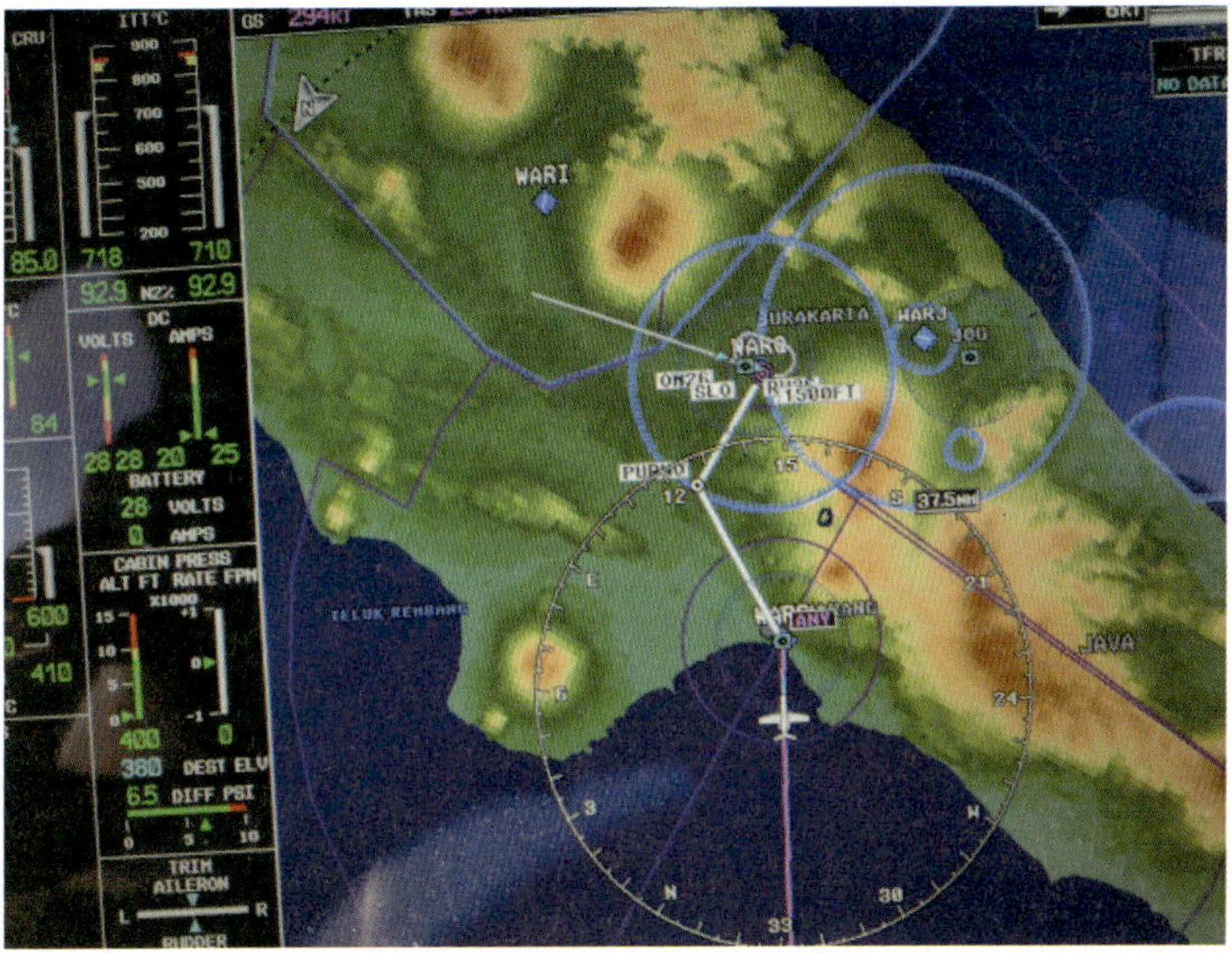

GPS 上では高い山は赤く映る。

こともなげに言った。「えっ？」と思わず聞き返してしまった。宿泊先のホテルや観光コースについてはエアジャーニー社にまかせっきりで現地に着いてから初めて知ることが多い。それにしても2時間とはずいぶん遠い。わけを聞くとボロブドゥール遺跡を見るため近くにあるアマンジオ・リゾートホテルを予約したようだ。

これから2時間かかると着くのは4時近くになる。予想外だ。いつものように飛行する日は朝から何も飲んだり食べたりしていない。機内にトイレはあるが密封された空間の中で用を足すのは、匂いとか音とかいろいろあって非常時だけにしたいからだ。

空港の売店で飲み物と軽い食べ物を買おうとしたら運転手から「サー」と敬称で呼び止められた。車に十分用意してあると言う。さすがに一流ホテルの送迎車だけのことはある。運転手は礼儀正しくサービスも完璧だ。車に乗り込むと冷たいおしぼり、飲み物、インドネシア風のクッキーが出された。

車は空港を出発してからしばらくはのどかな農村地帯を走り続けた。沿道にはいくつもの村があり通りすぎるたびに裸足で遊び回る子供たちが手を振り、放し飼いの鶏がケケケケと鳴きながら逃げ惑った。そのうちくねくねとした山道に入ると運転手の顔つきが変わりだした。急な坂道を巧みなハンドルさばきで高速ターンを繰り返しながら登って行く。道を知りつくしたドライバーにしかできない技だ。ホテルまで2時間と話していたが、普通の運転なら3時間以上はかかるだろう。スピードを上げたまま次々と急なカーブを曲がり、車は左右に揺れバウンドを繰り返す。後部座席で縮こまり息を潜めた。ジェットパイロットを怖がらせるとは、いったいどういう運転だ……。

　やがて着陸時に立ちはだかったメラピ山がはっきりと姿を現した。山頂付近からはかすかに噴煙を上げている。メラピ山は活動を続ける活火山で１年前の２０１１年11月に大噴火を起こしたばかりだ。噴煙は上空10キロにも達し多くの死者と数十万人の避難民を出している。山麓にはいまだに被害の傷跡が残されたままになっていた。火砕岩で屋根に大きな穴があき倒壊した家々が無人のまま放置されている。どんどん山道を登っていくと遥か雲海の上に出た。

　これほど高い場所に遺跡やホテルがあるのか。不

操縦席から。計器で２つの山の間を飛ぶ。

カラフルなソロ
国際空港。

空港を出て車に乗り込む。2時間も車に乗るのでは飛行時間と一緒だ。

思議に思っていると山の反対側に向けて一気に下りだした。農村地帯を抜け竹の林に入ると前方に竹で作られた大きな柵が見えた。そこがホテルの入口らしくインドネシアの民族衣装を着たサンダルばきの門番が竹のゲートを開けた。

いったいどんなホテルに泊まるのか。竹で作られた高床式の小屋でハンモックに寝るのだろうか。心細くなってきたが着いてみると立派なプールのあるリゾートホテルだった。吹き抜けのロビーからは真正面にボロブドゥール遺跡が見える。遺跡を眺めてゆったりとした時間を過ごすためだけのホテルのようだ。

ボロブドゥールは世界最大の仏教寺院跡で世界遺産にも登録されている。1000年以上も昔の建造物で長い間ジャングルの中に埋もれていた。遺跡を発見したのはあのトーマス・ラッフルズで1814

昨年噴火したメラピ火山。まだ噴煙をあげている。

噴火で壊された家。

立派なプールのあるアマンホテル。誰も泳いでいないし、プールサイドにも誰もいない。いかにもフランス人が好みそうな、ただゆっくりした時間を過ごすためのホテル。

年のことだった。ラッフルズは当時イギリスのジャワ総督代理だったという。

遺跡は仏教寺院といっても内部構造はなく、高さ50メートルほどの丘に外壁だけが造られピラミッド状の階段構造になっていた。螺旋状の石の回廊にはおびただしい数のレリーフが刻まれている。因果応報など仏教の教えを描いたもので仏様や兵隊、船といったさまざまな絵柄がある。

遺跡の見物以外にやることがないので、翌日は午前中プールで泳ぎ午後からボロブドゥールに出かけた。テリーさんが遺跡から見る夕日は特別に美しいと言うので夕方用のチケット売り場に並んだ。遺跡の入口にはインドネシア人用、外国人用、夕方用の3つのチケット売り場がありそれぞれ料金が違う。外国人用はインドネシア人用の約10倍で1200円くらい。夕方用はそれよりも高かったが正確な金額

ロビーの真正面にボロブドゥール遺跡が見える。

は忘れた。チケットを買うとなぜかジャワ更紗《さらさ》の布を渡され腰に巻くように言われた。ジーパンの上に更紗の腰巻きでは妙なスタイルだが、決まりだと言うから仕方がない。大勢の観光客に混じって入口から遺跡が建つ高台まで急な階段を登った。

高台に出ると息が切れ汗ばんだ体に吹き抜ける風が心地いい。そのまま遺跡の隅に腰を下ろし、どこまでもジャングルが続く赤道直下の風景を眺めた。やがて太陽が西に傾き夕暮れが迫ってきた。多くの観光客も夕日を楽しみにしているだろう。そう思ってあたりを見回すと数人の警備員がやってきて観光客を追い出し始めた。なぜか更紗を腰に巻いている客には声をかけない。

更紗の腰巻きは夕日鑑賞の料金を払った目印だったのだ。観光客の少なくなった遺跡の頂上から沈む夕日をゆっくり眺めた。

腰にインドネシアの布を巻いて登る。

高台で記念撮影。ここに座って夕日を見るようだ。

ジャングルに夕日が沈む。

バリ島への飛行中に実感した零戦パイロットの凄技

翌朝、再びゴーカートのような運転の車に揺られながらメラピ山を越えてソロ国際空港に向かった。これからバリ島まで飛ぶ。飛行コースはジャワ島の上空をまっすぐ東に660キロ、1時間10分の予定だ。

ソロ国際空港を離陸すると正面にメラピ山が見える。山の中腹を横切り旋回して高度を上げ機首を東に向けた。高度7000メートルで再びメラピ山の上空を通過すると山頂から噴煙を上げているのが見えた。さらに高度を上げた。

ジャワ島は日本列島と同じように火山が多い。南側のインド洋に面した海底でユーラシアプレートにインド・オーストラリアプレートがぶつかり下に潜り込んでいるためだ。上空から見ると3000メートル級の火山がいくつも確認できる。どの山も綿帽子をかぶったように山頂付近には雲がたなびき、ちょこんと山の頂を雲の上に出している。ぼんやり景色をながめているとどこかで見たような気がしてきた。そのうち見たのではなく本で読んだ景色だと気がついた。

次々に記憶がよみがえってきた。小学から中学にかけての少年時代に読みふけった『ニューギニア航空戦記』『ラバウル航空隊の最後』『不屈の零戦』『撃墜王』など第二次大戦中、日本の零戦が南方で展開した戦記物語の中に似たような風景が描かれていた。

——南国のジャングルにそびえる山が雲の上に頂を出している。後方につかれた敵機から逃れるため南洋の雲の中に逃げた——

そんなことが書いてあった気がする。ほかにも空中戦で敵機に機銃掃射を命中させるため飛んでいるハエを箸でつまむ訓練をしたとか、わくわくする話が書いてあり夢中で読んだ記憶がある。

10年近く前、大空を自由に飛びたいと夢を描いたときには気がつかなかったが、空中戦の話を読んだ記憶が潜在意識の中にあって操縦訓練を始める動機につながったのかもしれない。

いまジェット機を操縦しながら当時の零戦パイ

離陸直後メラピ火山の横を通過する。

ロットは凄いことをやったのだと感心した。GPSもレーダーも航空図もなく天測航法で飛び距離測定や飛行高度、方位の複雑な計算を竹の棒に刻みをつけた計算尺でやった。それでいて極秘の航路を航行する航空母艦を見つけ着陸する。どうやったらそんな飛びかたができるのか想像もつかない。

もっと凄い話は、編隊を組んで飛行中に「そろそろ飯にしよう」と合図を送るとき、無線は敵に探知されるため、翼の端で同行機の翼をコンコンとたたいて知らせたという。プロペラ機とはいえ時速数百キロで飛行中に接触すればバランスを崩し墜落する。そんな神技飛行ができるのも厳しい訓練の結果だろう。飛行機が体の一部になって鳥と同じように思いどおりに操れるように訓練を重ねたに違いない。零戦パイロットがいかに凄いことをやってのけたか体験的に実感できる。生き残りの零戦パイロッ

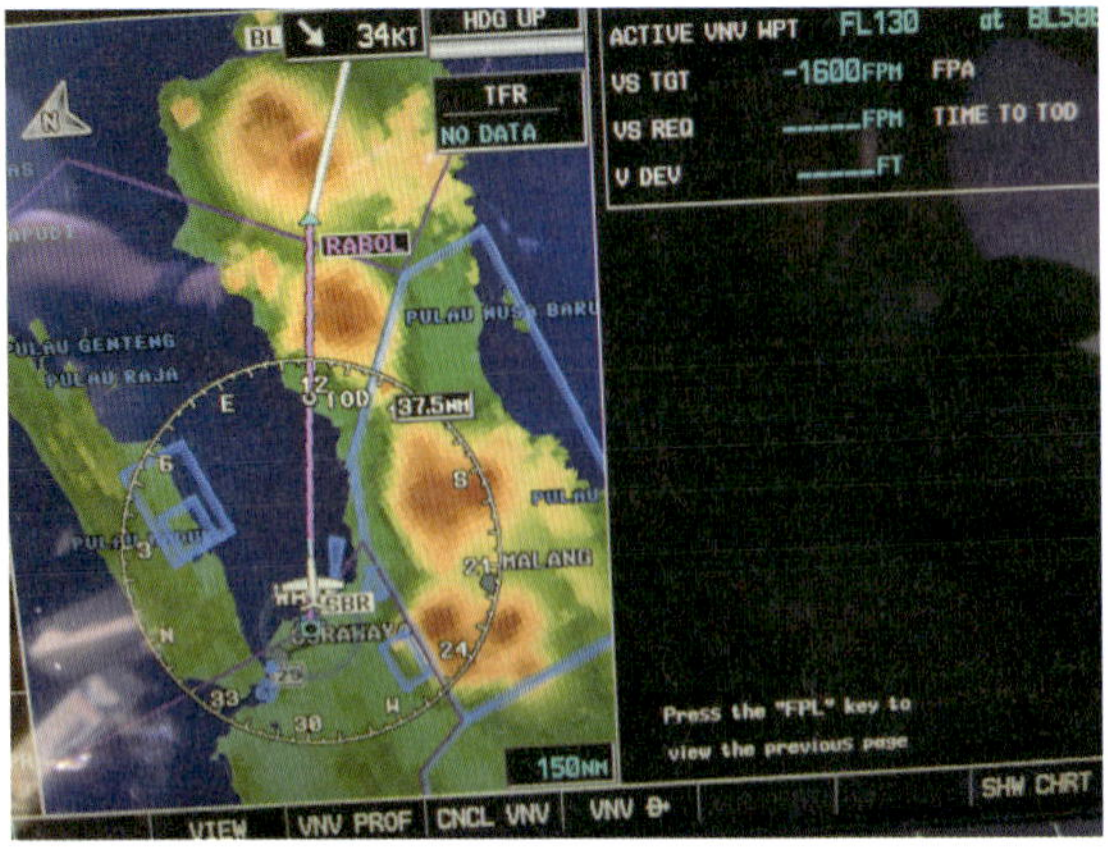

バリ島上空に近づくとG1000上、右側に高いラバウルの山がでてきた。

トに会えたら話を聞いてみたいところだ。
　やがてバリ島の最高峰、標高３１４２メートルのアグン山が視界に入った。バリ島は愛媛県ほどの大きさで観光客がよく行くのは南部のパドゥン半島にあるリゾート地に集中している。このため小さな島のイメージを持つ人が多いがかなり大きい島だ。ジャワ島と同じようにユーラシアプレートの端にちょこんと乗っているため火山がいくつもある
　右に旋回して高度を５０００メートルに下げると右側に高いラバウルの山が赤く計器上にでてきた。肉眼では写真のように見える。さらに行くと、バリ国際空港が見えてきた。正式にはングラ・ライ国際空港と言う。３０００メートル滑走路が岬の先に伸びコバルトブルーの海に突き出している。空域の混雑が激しいらしく管制官から海上に出て待機するようにに指示された。すでに7機が待機しているという

実際はこう見える。

から時間がかかりそうだ。待機旋回コースの誘導電波に乗って大きく円を描きながら飛行した。同じ旋回待機でもメラピ山とラウ山にはさまれた狭い範囲で危険な飛行をするより気が楽だ。30分近く待たされてようやく着陸許可が出た。

駐機場に止めて機外に出ると気温は高いがベトつかず爽やかだ。ジャワ島の熱帯雨林気候と違いサバナ気候で6月は乾季にあたり空気が乾いている。空港から車に乗り20分ほどで白い砂浜に面したフォーシーズンズ・リゾート・ホテルに着いた。

部屋に行ってみると、なんという偶然か、2月に家内と娘ときた時と同じ部屋だった。ただの偶然にすぎないが巡り合わせの不思議さを感じた。

わずか4カ月前の話なのにずいぶん時間がたった気がする。この部屋でセスナ社とメールのやり取りをした思い出がよみがえってきた。セスナ社からは

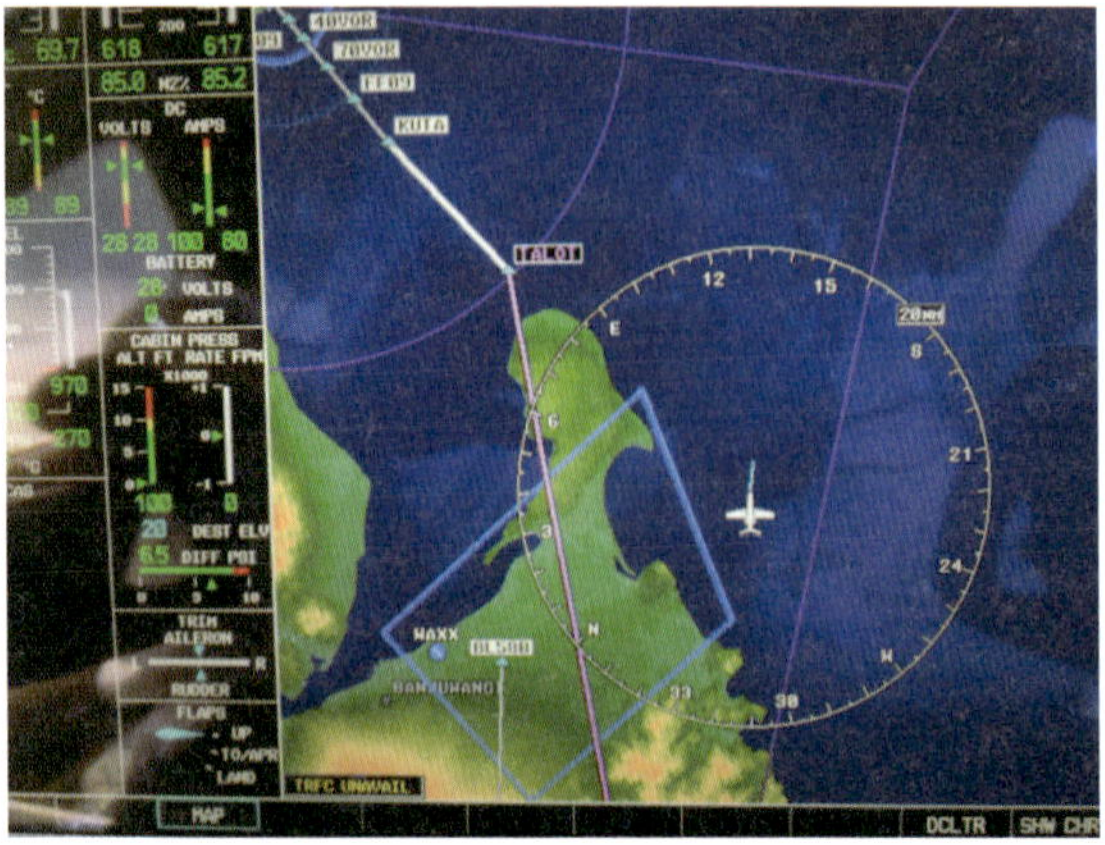

バリの空域は非常に忙しい空域で、左の青い線で囲まれたエアスペースを避けるためレーダーに誘導されて遠くを回らされた。空港に降りる順番は7番目だと言われた。

ムスタング購入に関する資料が次々に送られてきて、辞書と首っ引きで読みリゾート気分どころではなかった。うまく購入できるのか、免許もないし世界一周飛行に参加できるのか、すべてが手探り状態だった。ホテルの対岸にあるバリ国際空港に飛んで来るジェット旅客機を眺めながらジェット機のオーナーになるとはどんな気持ちなのか、購入費用と維持費はまかないきれるのか、短期間で免許を取得できるのか、と思い悩んだものだった。それがこうして世界一周飛行の途中に立ち寄っている。まさに激動の4カ月間だった。あと2週間でこの旅も終わる。嬉しいような寂しいような複雑な思いが胸いっぱいに広がった。

明けて6月29日は素晴らしいリゾートホテルでバリ島のバカンスを満喫した。夕方、食事のためにみんなが集まるとリゾートで遊ぶのはもうお腹いっぱ

フォーシーズンズ・ホテルの部屋。小さなプール付き。4カ月前にきた時と同じ部屋だった。

いという感じで飛行の相談が始まった。もう一日、ここで同じように過ごすのはもったいない。日帰りで東へ281マイル離れたコモド島に行ってコモドドラゴンを見てこようという話が持ち上がった。

予定外の行動なので自分たちでフライトプランを立てなければならない。さっそくiPadを持ち寄り食事をしながら情報を集めた。コモド島には空港がなく隣のフローレス島に「コモド空港」という名前の空港がある。そこに降りて船で30分かけて島に渡る。YouTubeの着離陸動画を再生するとプロペラ機が点在する島の間をぬって飛び、ジャングルの中の滑走路に降下して行き着陸した。滑走路は短く航空図も誘導装置もない。そんなところにジェット機が着陸できるのか不安になった。

そのうちテリーさんがコモドドラゴンについてプリントアウトした資料を配った。写真で見るコモドドラゴンは迫力がありいかにも怖そうだ。資料を見ながらみんなで話し合った。

「普段はゆっくり歩くが、獲物を取るときは時速27キロで走る。襲われたら逃げられない」

「爪と牙には悪性のバクテリアがいっぱいついていて、ちょっとかすっただけで死に至るってさ」

「希少生物だから襲われても殺せない。ガイドは二股になった木の棒で追い払うしかないそうだ」

資料には襲われたガイドが傷だらけになり病院で治療を受けている写真が載っていた。

「おい、泳ぐのも速いらしいぜ。ボートに乗っていた4人の観光客が襲われて食われた写真もあるじゃないか」

遠いバリ島の薄暗いレストランで話だけを聞いていると妄想が広がり、恐怖心が増幅して胸いっぱいに膨らんだ。グロテスクな写真を見せられ怖い話ばかりを聞かされ結局、女性と子供たちは尻込みして男性だけ6人が2機のムスタングに分乗して行くことになった。

翌朝、ポケットナイフを懐に忍ばせて空港に向かった。本当はヤリかナタでも持っていきたいところだが武器はこれしかない。襲われてだまって食われるより戦って刺し殺してやるつもりでいた。空港に向かう車中ではキャプテンたちも緊張した面持ちでだまりこくっていた。

空港に着くと強い風が機体の後方から吹いていた。ジェット機は後方から風がふいているとエンジンをかけることができない。大量の空気を吸い込むことができずオーバーヒートを起こすのだ。空港の整備員に協力してもらい手で押して風上に機首を向けた。テリーさん、ルイさんと3人でムスタングに乗り込みエンジンをスタートさせようとしたとき、前方に人が立ちはだかり両手でバツを作りしきりに中止の合図を送っている。一緒に飛ぶダグさんのムスタングが故障したと言う。故障の状態を見に行くとコックピットの警告ランプがほとんど赤く点滅している。原因はジェネレータートラブルでヒューズが飛んだらしい。バリ国際空港にはムスタングを修理できる整備士がいない。ダグさんは衛星携帯電話でセスナ社のチーム・ムスタングに連絡した。

チーム・ムスタングはムスタング専門のプロジェクト・チームでさまざまなトラブルに24時間体制で対応している。話のようすでは電話で指導を受けながら修理を進めるらしい。どうしても直らない場合は仮修理をしてセスナ社の整備工場があるシンガポールまで飛ぶことになる。早く直さないとあしたからの飛行計画に支障をきたす。

「コモドドラゴンの呪いだ」

「コモド島には行くなってことだ」

ダグさんの修理のようすを見ながらキャプテンたちは口々に冗談を言った。結局、コモド島行きは中止になり、ダグさんの修理のやり方を見たいと言うルイさんを残してホテルに引き上げた。結果的にほっとしたのが半分、残念な思いが半分の複雑な心境になった。

私の飛行機は無事にきているが、これまで、この旅行中に事故がなかったわけではない。初めに痛い目にあったのがダグさんの長男ディロンくんだ。ジャングル・バンジージャンプに挑戦、勇敢にも50メートルの高さからジャンプしたのはいいが命綱のゴムが長すぎて濁った池の中に頭から浸かった。幸いケガはなかったが、上半身が水に浸かりたっぷり不衛生な泥水を飲んでしまった。細菌に冒されたらしく急性胃腸炎になり猛烈な下痢と嘔吐で翌日から丸二日間寝込んだ。みんなの前に姿を現したときはげっそりとやつれてフラフラしていた。

次の被害者は女性パイロットのローリーさんだ。ボロブドゥール遺跡の近くで山道を走る自転車ツアーに参加、下り坂でブレーキ操作を誤り頭から転倒してあごの下を11針も縫うケガをした。右腕も打撲していまもギブスをはめたままだ。顔も腕も包帯だらけで痛々しい。普段、活発なローリーさんも「この腕では操縦は無理ね。しばらく無線担当だわ」と言いしょんぼりしていた。

そして、きのうは家内がゴルフ中にケガをした。隣のホールから飛んできたボールが頭に当たり救急車で病院に運ばれたのだ。大きな血腫ができたが骨折もなく脳にも異常が見られなかったので入院しないで済んだが、しばらくベッドで休んでいた。

もう事故はこりごりだ。ホテルのロビーで待機しているとルイさんが帰ってきた。頭にイスラム教徒がかぶるような白い帽子を載せている。

「とうとう改宗したのか」

「よく似合うじゃないか」

キャプテンたちがからかうと頭のてっぺんに7針も縫うケガをしたと言う。ダグさんの修理を手伝っていて格納庫の扉の尖った部分にぶつけたらしい。頭部の傷は出血が激しいからさぞ大量の血が流れたことだろう。

「ドラゴンの毒はここまできたか」

「そうだドラゴンの呪いは消えていない」

キャプテンたちがまた冗談を飛ばした。

夕食になり全員集合すると、このところ小さな事故が多いので対策を考えなければならないという話になった。日本式にお神酒で清めるのが一番いいということで、みんなで大量のワインを消費して寝た。単純に飲みたかっただけじゃないかと思うが……。

ボルネオ島の上空で巨大な積乱雲に突入

7月1日の飛行コースはバリ島からまっすぐ北に飛びボルネオ島を縦断、ボルネオ島の北部にあるマレーシア領のコタキナバルまで飛ぶ。再び赤道を越え南半球から北半球に移動するわけだ。バリ国際空港からコタキナバル国際空港までは直線距離で1640キロ、ムスタングが飛べる航続距離の限界点に近い。燃料の消費量を抑えるには高度1万3000メートルまで上昇しなければならない。

燃料消費の大敵、強い向かい風が吹いていないことを願ってバリ国際空港を離陸した。バトゥール山、バトゥカル山、アグン山といった火山の脇をすり抜けて上昇を続けると高度1万メートルあたりからスムーズに上昇しなくなった。空気が薄くエンジンのパワーが追いついていかないようだ。まだ3000メートルは上昇しなければならない。しばらく水平飛行で加速をつけ150メートルほど上昇、また加速をつけて150メートル上昇するのを繰り返し小刻みに高度を上げていくしかなかった。ちょうど山登りのとき少し登っては休み呼吸を整え、また登るのを繰り返すようなものだ。加速をつけるための水平飛行でも機首を少し上げ、金魚が水面近くであっぷあっぷしながら泳いでいるような姿勢になる。それだけ空気が薄くムスタングにとって高度を上げる限界に近いことがわかった。

ボルネオ島の上空を飛行して1時間が経過した。予定飛行時間は3時間だ。まだ半分しか飛んでいない。眼下には見渡す限り濃い緑のジャングルが続いている。ボルネオ島は、島といってもグリーンランド、ニューギニアに次いで世界第3位の面積がある。その広大な土地がジャングルに覆われ地平線の彼方まで緑一色に染まっている。壮観な眺めだ。

やがて晴れ渡った上空にもくもくと黒い積乱雲が湧き上がってきた。レーダーを見ると飛行コース上に雨雲が発生したことを示す赤い雲の塊が映し出されている。積乱雲は発達を続け高度1万メートルを超える勢いで前方に立ちはだかった。これだけの高さに達する積乱雲は強い上昇気流と下降気流を発生させる。雲の上を飛び越えるにも揚力がたりない。揚力がないまま機首を上に向けて無理に上昇すると

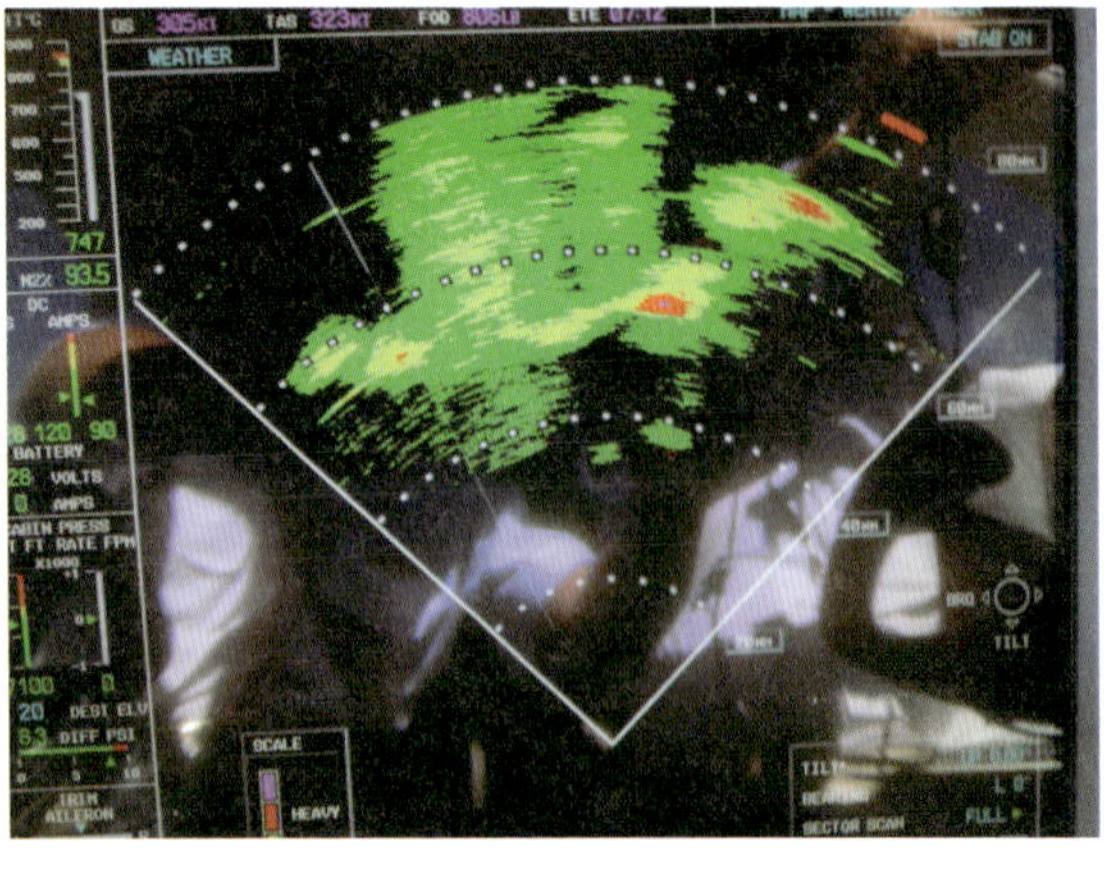

38000ftまで湧き上がる強い積乱雲。雨雲を示す真赤なコンタクトがある。

尾翼の方から吸い込まれるように失速する。テイルストール（尾翼失速）と言い、この状態で失速すると姿勢の立て直しが難しく旅客機でも墜落事故につながった例がいくつもある。かと言って燃料的に左右によけて遠回りする余裕はない。

乱気流に揉まれることを覚悟して雲の中に突っ込んだ。気流の変化でガタガタと揺れ周囲は真っ白になった。雲に入って10分が経過、揺れはまだ続いている。15分経過、20分経過……。一向に雲から抜け出す気配がない。いつまで揺れに耐えていればいいのか。1分1分が永遠にも思える長さに感じられた。揚力が低いため強い下降気流に巻き込まれれば一気に数百メートルは落下する。そうなれば姿勢を崩しテイルストールになりかねない。ジリジリしながらレーダーを見ると赤い雲の塊から離れようとしている。もう少しの我慢だ。30分が経過したとき前方が

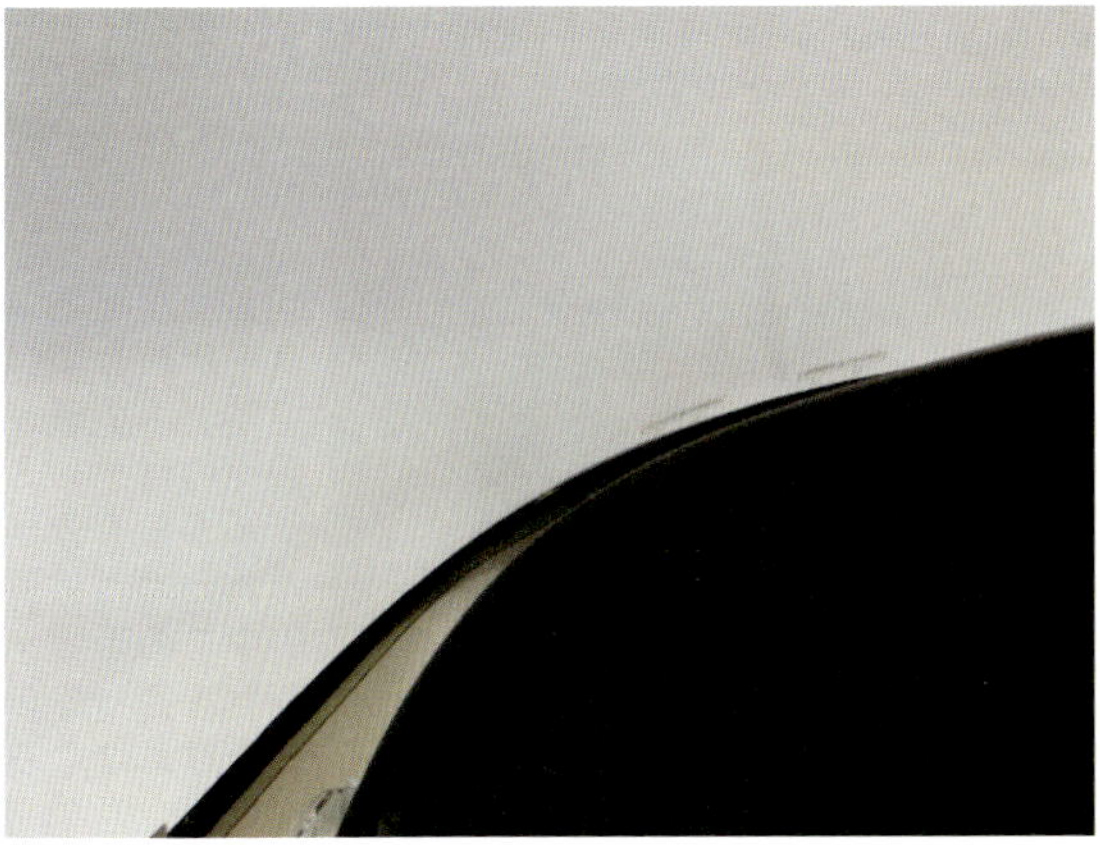

左右に逃げる燃料の余裕がなく、上を越えようとしたが高く上昇しきれず積乱雲の中に突っ込む。

急に明るくなり雲から脱出した。

　雲から抜け出すと徐々に高度を上げ目標の1万3000メートルを達成した。20分ほど水平飛行を続けると右前方にジャングルの中からゴツゴツした山の頂が突き出しているのが見えた。東南アジアの最高峰、標高4095メートルのキナバル山だ。目的地のコタキナバル国際空港はキナバル山の西60キロの海沿いにある。フライトプランどおりに3000メートルまで高度を下げると緑のジャングルの先にコバルトブルーの海が広がった。南シナ海だ。さらに降下を続けると海岸近くに滑走路が見えてきた。空港の管制官に連絡を取り着陸許可をもらうと左に旋回して海側から滑走路に進入して着陸した。

　コタキナバルには10年前、一度ゴルフ旅行で来たことがある。当時に比べると空港のようすはすっか

新しくなったコタキナバル国際空港。小型機が着くのはターミナルから大分はなれた端だ。暑い中この距離を荷物を持って歩かなければならない。

り様変わりしていた。近代的になったのはいいが、かなり不便な造りだ。自家用機が到着するのは新しく造られたターミナルビルの端で、そこから入国審査の場所まではターミナルビルの端から端まで歩かなければならない。暑さと疲れで気分が滅入ったが、入管に着くとインドネシア航空の制服を着た機長やクルーたちが列をつくっていた。一緒に並ぶとなんとなく一人前のパイロットになったようで気分が晴れてきた。

空港から宿泊先のシャングリラ・ラサリア・リゾートまでは車で1時間以上かかった。わざわざ辺ぴなジャングルの奥にあるホテルを選んだ理由はオランウータンを見るためだった。シャングリラホテルはオランウータン保護のプロジェクトに参加していて宿泊客は優先的に見学できることになっていたのだ。

翌日、オランウータン見学に出発する時になってどうも気分が乗らなくなった。それよりホテルでのんびり過ごしたほうがいい。思い切ってパスすると自主性を尊重して誰も無理に誘おうとはしなかった。団体行動でも強制しないのが実にリラックスできていい。

みんなが出かけたあと人気のなくなったホテルの周囲をブラブラしてみた。白いビーチに面し周囲をジャングルに囲まれ閑散としている。都会の喧騒を離れ物思いにふけるのにはもってこいのリゾートホテルだ。ホテルの中を歩くと和風の鉄板焼きレストランがあった。夕食に指定されているのは隣り合わせの中華レストランだが、できればここで食べたい。ホテルでの飲食代は旅行代金に含まれているが差額を払えば問題ないだろう。7時に自分たち2人分を予約して部屋に帰った。

一人きりの部屋でテラスに備えられたジャグジーに入り、ゆっくりビールを飲みながらヤシの木の向こうに沈む夕日を眺めた。のんびりしていい気分だ。やがてオランウータンの見学組が帰ってきた。テリーさんに自分達だけレストランを替え7時に予約したことを伝えると「うん、わかった」と言ったきりでなんの反応も示さなかった。

7時になり家内と鉄板焼きレストランに行くと同行メンバーの全員がニコニコしてカウンター席に座っている。便乗して鉄板焼きに切り替えたと言う。日本食とあってメニューを見ながらみんなが相談し

鉄板焼きレストランでメンバー達と日本食を食べる。

てきた。仕方なくそれぞれの希望を聞きながら代わって注文。ローリーさんは「やっぱり和牛より神戸牛のほうがおいしいわよ」と意味不明のうんちくを並べたが、聞き流して希望どおりシェフに「神戸牛」と頼んだ。ワイン好きのルイさんには冷酒を勧めたがグラスに一杯ぐっと飲むと「ううん……」と言ったきりワインを飲みだした。本当に頑固なフランス人だ。

やがてお通しが出され肉が焼けるとみんな箸を使って食べ始めた。思った以上に箸の使い方が上手だ。いつものように長い夕食となり宴会モードでコタキナバルの夜は更けていった。

セブ島の空港は無責任モードでパイロット泣かせ

コタキナバルから次の目的地はフィリピンのセブ島だ。旅もいよいよ終盤に差しかかりあと10日たらずで日本に着く。フィリピン周辺はこの時期台風並みの低気圧が頻繁に発生するので注意が必要だ。飛行前夜のミーティングでは天気図だけでも7枚配られた。

天気図を見るとセブ島の北２００キロにあるマニラ上空に巨大な雨雲がかかっている。この雲が南下してセブ島に流れてくるのは午後の2時ごろになる。それまでに着けば危険はない。出発時間を早め朝9時に離陸することにした。セブ島までは1100キロ、2時間の飛行で午前中には着ける。雲の流れが早くてもこれなら心配ない。

翌日の7月3日、予定どおり午前9時にコタキナバル国際空港を1番機で離陸した。空港の管制官に指示されたとおり東に向かって上昇するとすぐに空域の管制官と交代して針路を変え、「ガブディ」という航路ポイントに向かうよう指示された。ポイントの位置を確認するためGPSに入力すると表示されない。管制官の発音が聞き取りにくくスペルを間違えたようだ。上昇中の忙しい時であまりかまっていられない。おおその勘で東の方向に旋回するとキナバル山が眼前に迫ってきた。管制官はレーダーで機体の動きを監視しているから「違う違う、そっちじゃない。北東方向に飛べ」とあわてて指示を出した。指示どおりに旋回してキナバル山を回避、ガブディのスペルを何回か聞き直しようやくGPSにポイントの位置が表示された。

こういう場合は後続機にすぐ連絡を取る。連絡事項は離陸してすぐガブディというポイントに向かわされることと、ガブディの正確なスペルだ。それによって後続機はあわてることなく準備ができ事故を未然に防げる。これがグループ飛行のいいところだ。

離陸時のごたごたと違って上空に舞い上がると快晴で順調な飛行を続けた。心配した積乱雲の発生もなく予定どおり2時間弱で目的地のマクタン・セブ国際空港が近づいてきた。ここにはプロペラ機のマリブで何度か訪れたことがある。見なれた風景を眺めながら高度を下げスムーズに着陸した。

管制官が指定した駐機場はターミナルビルから遠く離れた滑走路の端だった。ミーティングではターミナルビルの前を予約したと聞いている。なぜここに止めなくてはならないのか。機外に出て確認するとターミナルビルの前にはフィリピン空軍の4発プロペラ輸送機C130が3機も巨体を並べて駐機場を占拠している。南沙諸島の領有権をめぐって中国との緊張が高まり急遽飛来したようだ。それにしてもターミナルビルから3000メートルも離れた滑走路の端に止めさせるとは話が違いすぎる。給油や駐機場の手配をするハンドリング会社の人間に言うと「軍のやることだから仕方がない」と知らん顔だ。

これがフィリピンのお国柄というか、何をするに

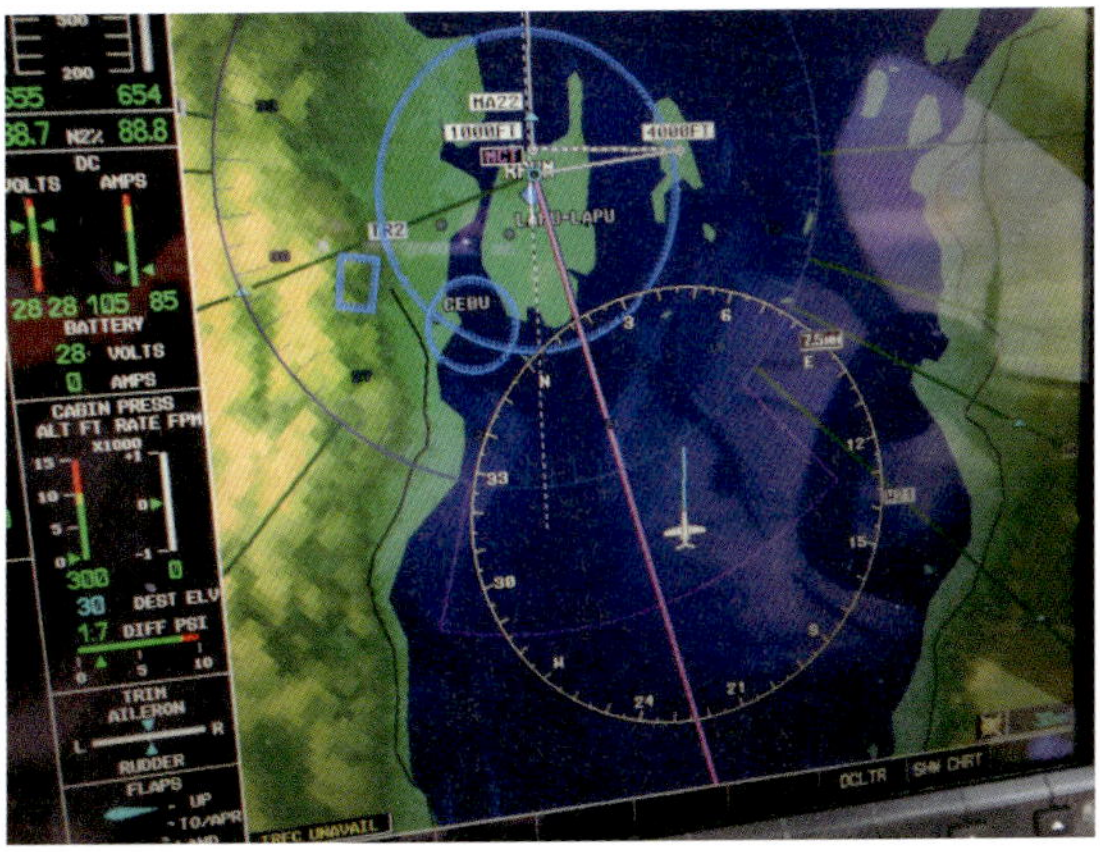

フィリピンのマクタン・セブ国際空港にアプローチする。

も時間がかかり効率が悪くて責任感がない。案の定、パスポートコントロール（入国審査）に時間がかかり1時間以上も待たされた。それでも給油が終わらないと空港を出られない。いつまでたっても給油車がやってこないのだ。

待ちぼうけをくらっていると知り合いの日本人がひょっこり現れた。彼はこの空港でフライトスクールをやっている。所属する日本の飛行クラブの会員でもありフィリピンに来るたびにお世話になっていた。そう言えばこの世界一周に出発した時から毎日、航行日誌を飛行クラブのホームページに発信していた。彼はそれを見てここに来ることを正確に知っていたようだ。

給油車が現れるまで「やあやあ、しばらく元気ですか」と雑談を始めた。かつてマリブに乗って初めてセブ島を訪れたとき彼に聞いた話が印象に残っている。セブ島の周囲には小さな島がいくつもあり小型プロペラ機が重要な輸送手段になっている。そのため島には必ず滑走路がある。マリブで小島巡りの飛行に出発する前、彼は「島の滑走路には牛、山羊、鶏がいっぱいうろうろしている。着陸する前に一度、超低空で滑走路上を飛び脅かして追い払ってからでないと危ない」と言った。冗談みたいな話だが実際に飛んでみるとそのとおりで笑ってしまった。そんな思い出話をしながら給油車を待ったがいつまでたってもやってこない。

「みなさん、給油は全機、私が責任をもってやっておきます。先に引き揚げてください」

テリーさんが業を煮やしたように言った。このままではいつになるか見当もつかない。ここはテリーさんにまかせてホテルに行くことにしたが、空港を出るのにもターミナルビルは遠すぎる。ちょうど駐機場の近くには銃を持った兵士が監視するフェンスがあった。兵士にパスポートを見せゲートを開けてもらい裏口を出るとスラムのようなバラックが建ち並びぬかるんだ泥道だった。

タクシーに分乗してホテルに向かうと道路には人があふれ運転手はピーピー、パーパーとクラクションを鳴らしっぱなしだ。喧騒の街中を抜け海岸道路に出るとようやく浜辺のこぢんまりしたホテルにたどり着いた。テリーさんが給油を終えて帰ってきたのはそれから3時間後のことだった。

セブ空港の駐機場。

セブ島には3日間滞在する。翌朝は無人島へダイビングに出かけた。チャーターした小型船は船体の両脇から長い竹の支えを出し安定感がいい。誰もいない砂浜に上陸するとチャーターした船のスタッフはテントを張りバーベキューの用意を始めた。しばらくダイビングで泳いだあと用意されたバーベキューを食べテントの中で休んだ。ビールを飲みワインを飲み、焼きたての肉や野菜を食べ、心地いい潮風に吹かれて満足した。旅の終わりも近づいたいまは、あわただしく名所旧跡を観光するよりものんびり南の島の楽園ムードを満喫するほうが幸せだった。

セブ島滞在最後の夜は海鮮料理を食べてからカジノに出かけた。夕食が終わったのが夜の9時、このままホテルに帰って寝るよりもカジノに行ってみたくなった。はじめは一人で行くつもりでいたが「やっ

セブ島のホテル。

たことないから行く」とあとからぞろぞろついてきた。ダグさんの15歳になる長男ディロンくんを入れて総勢8名、以前行ったことのあるカジノに案内してVIPルームに入り、バカラのテーブル1台を貸し切りにしてゲームを始めた。

みんな初体験とあってゲームのルールから説明した。ルールといっても絵札は0で、手持ちのカードの合計数が9に近いほうが勝ちになる単純なものだ。単純なだけに勝負が早く一度ハマるとやめられない。最近では一流製紙企業の御曹司社長が数百億円も負け会社のカネを注ぎ込み話題になったいわくつきのゲームだ。

ギャンブルはその人の性格がはっきり出る。頑固なフランス人のルイさんは次第に集中力がなくなり適当に賭けだして負けていった。テリーさんは慎重派で勝てそうだと思うときだけ小額を賭け、手堅く小銭を稼いでいた。

ディロンくんはまだ15歳でカジノに入れないが、どうしても行きたいと駄々をこねダグさんがOKを出した。体が大きく見た目は25歳くらいに見える。バカラのテーブルに着くとタバコを吸いウィスキーを飲みながらゲームを始めた。父親が許可したことなので口出しをせず自由にさせた。決して不良なのではなく頭も性格もいい。早く大人の世界を知りたいだけなのだろう。

ゲームのほうは父親からもらった500ドルの軍資金を使い果たしボーッとしてい

た。仕方なく300ドル分のチップを渡し、こちらと同じところに賭けさせた。少しずつ取り返し元を取ったところでやめるように言った。15歳にとって500ドルは大金だろう。これでくやしい思いをしないですむ。いい社会勉強になったはずだ。一通り勝負が終わり12時をすぎたところでホテルに引き揚げた。

フィリピン、香港、台湾、アジアの空を一気に飛行

「スービック・ベイ国際空港はもともとアメリカ海軍の基地で、国際空港といっても一般の旅客機はあまり使っていないようだ」

「誘導設備などは整っているのかな」

「飛行コースではマニラの上空を通過するがマラカニアン宮殿の半径8キロの範囲は飛行禁止だ。空港はマニラから80キロしか離れていないし天気図では雲がかかり視界も悪い」

「空港はスービック湾に面している。いったん海に出て滑走路に進入すれば安全だろう」

「誰も降りたことがない空港だから十分注意したほうがいいな」

朝のミーティングでフライトプランの入念な打ち合わせが行われた。これからフィリ

ピン島の北に位置するスービック・ベイ国際空港を経由して香港国際空港まで飛行する。セブ島から香港までは直線距離で約1750キロありダイレクトに飛ぶには遠すぎる。中継地としてマニラにあるニノイ・アキノ国際空港も考えたが給油だけならスービック・ベイ国際空港のほうが便利だった。

この日のフライトも1番機を務めた。まずはスービック・ベイ国際空港まで750キロ、1時間30分の飛行だ。マクタン・セブ国際空港の上空は曇りで視界が悪い。台風シーズンが到来しレーダーにも積乱雲を示す赤い塊がいくつも映し出されていた。離陸許可をもらい一気に高度を上げ雲の上に出た。積乱雲は上空1万メートル近くまで達しポコポコといくつも浮かんでいる。積乱雲の間をすり抜けるように飛びスービック・ベイ国際空港に近づいた。地上は厚い雲に覆われ何も見えない。このまま突っ込む

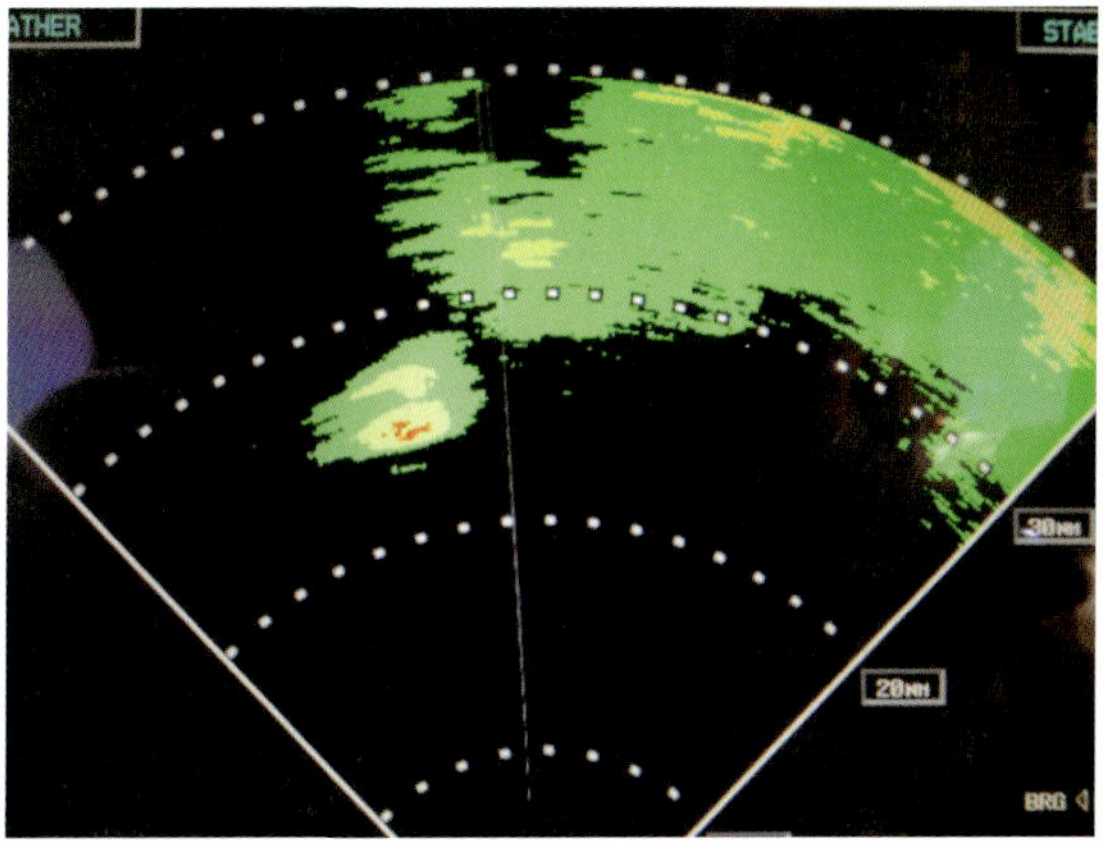

レーダー画面でも赤いコンタクトが映る。幸い真正面ではなく、左が少しかかる位なので、10度程右に迂回して通りすぎた。

のは危険だ。空港の管制官に連絡して誘導を頼んだ。

「N510HW、現在装置が故障して誘導できません。降下して空港が見えたら連絡してください。着陸許可を出します」

なんとものんびりした応答だった。視界がきかない雲の中を自分で勝手に降りてこいというわけだ。航空図で周囲に高い山がないことを確認して高度を600メートルまで下げた。それでも視界が悪く雲は低く垂れ込め霧がかかったようにジャングルを覆っている。高度600メートルはムスタングにとってかなりの低空飛行になる。視界がきかない状態で飛ぶのは不安だ。とにかく前方に注意してさらに高度を下げると海が見えた。スービック湾だ。そのまま海上に出るとようやく空港が確認でき着陸許可をもらい滑走路に降り立った。

ムスタングを駐機場に入れるころには天候がさらに悪化し暗くなってきた。後続機のようすが気になり無線機をオンにしたまま管制官とのやり取りを聞いた。2番機のダグさんの滑走路を確認したという声が聞こえた。高度600メートルのまま滑走路の近くまできて一気に降下するようだ。上空を見つめていると雲の中からいきなり機体が現れ垂直に落下するように急降下、速い速度のままタッチダウン。2800メートルある滑走路の端まで行ってギリギリで止まった。ダグさんの腕前があってできる離れ業だ。普

案の定左前方に怪しげな雲がある。

スービック・ベイ国際空港の上空に来たが、誘導装置は壊れているので自分で降りてきてくれ、空港が見えたら知らせてくれという何とものんびりした指示が来た。ありえないと思いつつ、オートパイロットでは間に合わないので、雲の切れ間に見える平地と思われるところを、ガーミンの画像と照らし合わせ、右に左に雲をよけながら 1500ft まで降りた。

通なら滑走路を飛び越えて着陸をやり直すところだ。

続いて女性パイロットのローリーさんが操縦する3番機が雲の中からポンと飛び出してきた。コックピットからは滑走路と地上のようすが見えているのだろうが、下から見るとなんの前触れもなく忽然と姿を現す。

「なによこの空港、雲で何も見えないし誘導もないのよ。どうなっているのよ」

ローリーさんは機外に出るとプンプンに怒り出した。テリーさんは苦笑いするほかにない。次は4番機のルイスさんの番だ。プロペラ機のエンジン音が聞こえたと思ったらいきなり雲の中から姿を現しふわりと滑走路に舞い降りた。後続機が全機着陸して給油が始まった。スービック・ベイ国際空港は経済特区の中にあり税金がかからない。燃料代も安くセブ島の半額以下だ。全機が溢れんばかりの満タンにした。

給油の間、愛機に通過した国のスタンプを貼っていく。だいぶ増えてきた。

給油がすめば用はない。さっさと離陸許可を出すよう管制官にかけ合った。するとエンジンスタートの許可を出した。すぐに飛び立てると思い駐機場から滑走路の端まで移動して待機した。ところがいつまでたっても連絡がない。仕方なく問い合わせるとマニラの空域管制官からフライトプラン了解の返事がこないと言う。ここでもまたフィリピンのいいかげんなお国柄が出た。

あせっても意味がない。じっと待つうちにあたりが急に暗くなり土砂降りの雨になった。この雨では視界はゼロに近い。空港の東側40キロの地点には1991年に今世紀最大と言われる大噴火を起こしたピナツボ山があり、その周囲には標高1000メートルを超える山々が連なっている。ダグさんたちと無線で協議した結果、離陸したら海上に出て高度を2000メートルにまで上げ左に旋回して北に針路をとり香港に向かうことにした。近くに2000メートルを超える山はないからこれなら安全だろう。

待つこと40分、豪雨の中を離陸して高度を2000メートルに上げると雲の切れ間に青空が見えた。そこを目指して上昇を続け右に旋回、機首を北に向けた。香港までは1000キロ、2時間の飛行になる。高度を1万メートルに上げ水平飛行に移った。雲に覆われ効率の悪いフィリピンから解放され、ようやくひと休みできる。

香港国際空港に近づくと切れのいい英語で管制官からテキパキとした指示が入りだした。これは忙しい空港の証拠だ。空港周辺の上空は混雑が予想される。

「N510HW、ポイント・ベティで旋回して20分間待機せよ」

管制官の指示に従って「ベティ」というポイントに向かった。20分とはずいぶん待たされる。燃料に余裕があってよかった。

「N510HW、旋回したまま速度を時速300キロに落とし300メートル降下せよ」

続けざまに指示が入った。減速と降下と旋回を同時にしなければならない。さらに管制官との細かなやり取りもある。一人でこなすのは大変だ。テリーさんが副操縦士として無線担当をしてくれたから本当に助かった。

管制官はポイント・ベティで旋回させながら合計4回に渡って高度を下げる指示を出した。これは旋回空域を4層に分けて使い飛来した航空機を待機させながら上から順番に1層ずつ下げて着陸させる誘導方法だ。旋回中は上にも下にも航空機がブンブン飛んでいるから気が抜けない。管制官の指示どおりに操縦しないと列を乱し多くの乗客を乗せた旅客機に迷惑をかけ衝突の危険もある。ポイント・ベティで徐々に高度を下げ4回目の旋回が終わったところで管制官から着陸の指示が出た。

「N510HW、滑走路に向かって最高速で降下し

愛機の前でテリーさんと次の飛行前のミーティングをする。

着陸せよ」

　出せるだけのスピードで降りてこいというわけだ。ムスタングの最高速度は時速630キロだが追い風を受ければ20キロくらいは速くなり限界速度を超えて危険だ。あえて時速420キロで降下したが、この高速では着陸できない。最終着陸態勢に入ってからエアブレーキを使い、フラップを降ろし、車輪を出して空気抵抗を高めてようやく着陸可能な時速220キロまで減速できタッチダウンした。

　香港国際空港のハンドリング会社は仕切りが完璧だった。冷房の利いたラウンジでビールを飲みながら待っていると全機を駐機場の出発しやすい場所に移動、給油を終え入国審査の済んだパスポートを渡された。それと同時にホテルからの迎えの車に案内された。申し分ないサービスだ。空の玄関口である空港の印象がいいのはその国にとって大切なことだ

通過した国のスタンプを貼る。

と思う。また来てみたいという気持ちにさせられるからだ。

香港には3日間滞在する。初日はホテルでのんびり過ごし翌日から市内観光に出かけた。

市内観光は定番のビクトリア・ピークから始まった。ピークトラムというケーブルカーに乗って標高552メートルの頂上に登ると高層ビルが建ち並ぶ香港の街が一望できた。ビクトリア湾の海峡をはさんで対岸には滑走路を海に伸ばした啓徳空港の跡地が見える。1998年に香港国際空港が開港されるまで使われていた空港だ。ビルの谷間を縫って着陸する世界で最も危険な空港と言われていたが、現在は大型客船が停泊できるクルーズターミナルに造り変える工事が行われていた。

ビクトリア・ピークから港に下り昔ながらのジャンク船に乗って湾内を遊覧した。アバディーンの港

香港国際空港への最終着陸態勢。

に入ると、いまだに水上生活者が多く彼らが暮らす小型のジャンク船がいっぱい泊っている。船上から派手な装飾の海上レストランを見たとき突然過去の記憶がよみがえってきた。

　ここには40年前に来たことがある。医大を出て医者になりたてのころだ。医局の仲間5、6人でグループを組みこの海上中華レストランで食事をした。その時のメンバーの顔も名前も忘れてしまったが、はっきり記憶に残っていることがある。レストランの前の暗い海に子供たちが集まって泳いでいて客がコインを投げるのを待っていた。投げられたコインはキラキラとネオンを反射して沈んでいく。子供たちはそれを追いかけて潜り海底に落ちる前に拾ってくる。何度投げても子供たちは先を争うようにコインを追いかけて拾った。それがおもしろくて何も考えずにコインを投げ続けた。そのシーンだけが鮮明

ビクトリア・ピークからの眺め。

ジャンク船に乗って湾内を一周する。

アバディーンの海上レストラン。前の海で昔、子供達が海中のコイン拾いをしていた。

にリフレインされ、ほかには何も思い出せない。遠い過去の記憶のかけらに40年という歳月があっと言う間に過ぎ去ったことを気づかされた。時の流れの早さに思いを馳せしばし呆然と海を見ながら波に揺られていた。

翌日は高速船に乗ってマカオまで足を伸ばした。所要時間は1時間、いまやラスベガスを凌ぐギャンブル帝国にのし上がったというが期待したほどでもなかった。マカオのカジノ街にはキンキラのカジノホテルが建ち並んでいるだけで、ラスベガスのようにアトラクションやショーで楽しませてくれる要素がない。カジノの売り上げでラスベガスを超えたというだけだ。

試しにホリデーイン・マカオ・コタイ・セントラル、漢字で澳門金沙城中心假日酒店と書かれたホテルに入りバカラをしてみた。運よく2回続けて勝ち、み

帰りに乗ったヘリコプター。

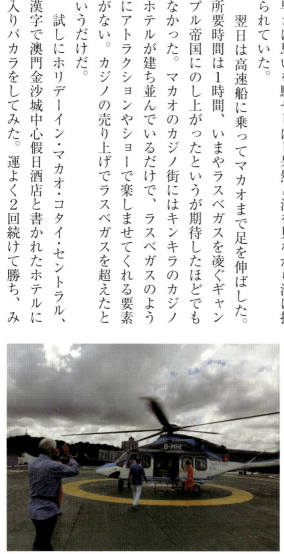

んなが便乗して同じカードに賭けだした。するとまたもや大当たりの連続で思わぬ幸運が舞い込んだ。

香港への帰りはヘリコプターを利用した。高速船の出るフェリーターミナルの屋上にヘリポートがあり30分間隔で定期便が飛んでいる。香港までは20分と早い。ヘリは15人乗りの中型機でバタバタバタッと回転翼の大きな音を響かせながら機体を浮き上がらせると低空で飛行した。上昇してすぐにマカオ国際空港が見えた。海に突き出した滑走路が1本だけの暇そうな空港だ。混雑の激しい香港国際空港よりも着陸が楽そうだ。機会があったら一度きてみたい。

一夜開けた7月9日、朝のミーティングが始まった。予定では香港から上海まで飛ぶはずだったが上海浦東国際空港の着陸許可が下りない。時間切れで行き先を台北の桃園国際空港に変更することになり

マカオ国際空港。海につき出た1本だけの滑走路。

テリーさんが手配に奔走した。台北のＯＫが出るまではホテルを動けない。あとひと息でゴールの日本なのに最後まで何が起こるかわからない。午後になってすべての手配が完了し空港へ向かった。出発時間は午後4時、台北までは７８０キロ、1時間40分の飛行で着くのは夕方になる。

すべての準備を済ませ香港国際空港の第2滑走路手前で離陸の順番を待った。目の前をシンガポール航空のエアバスＡ３８０旅客機が通りすぎ滑走路に入っていく。ドバイの空港でも見たが全長73メートルの巨体は実に迫力がある。Ａ３８０が滑走路をいっぱいに使ってゆっくり飛び立っていった直後、離陸の順番がきた。大型旅客機のすぐあとに滑走路へ進入すればウェイク・タービュランス（後方乱気流）に巻き込まれ滑走路にたたきつけられる。管制官もそのへんは理解しているようで、忙しい空港に

シンガポール航空のエアバスＡ380。とにかくでかい。このあとが我々の離陸の順番。後方乱気流がすごいので十分に時間をとって離陸した。

もかかわらず5分ほどの猶予をもって離陸指示を出した。飛び立って高度1700メートルで左に旋回すると前方に南シナ海の大海原が広がった。天候は快晴、青い空と海以外は何も見えない。

以前、日本航空のパイロットから香港周辺には魚の名前がつけられた航空路が多いと聞いていた。高度1万メートルでオートパイロットに切り換え暇になったので、試しにGPSで調べてみた。ツナ（まぐろ）、トラウト（ます）といった魚の名前の航空路が出てきた。航空路はパイロットが覚えやすいようにその土地をイメージした名前がつけられることが多い。日本の航空路にもサヌキ、オイドン、ラーメンといった名前がつけられているのはそのせいだろう。

やがて台湾海峡に入ると紺碧の海に小さな島が点々と浮かぶ澎湖《ほうこ》諸島が見えてきた。GPSには一

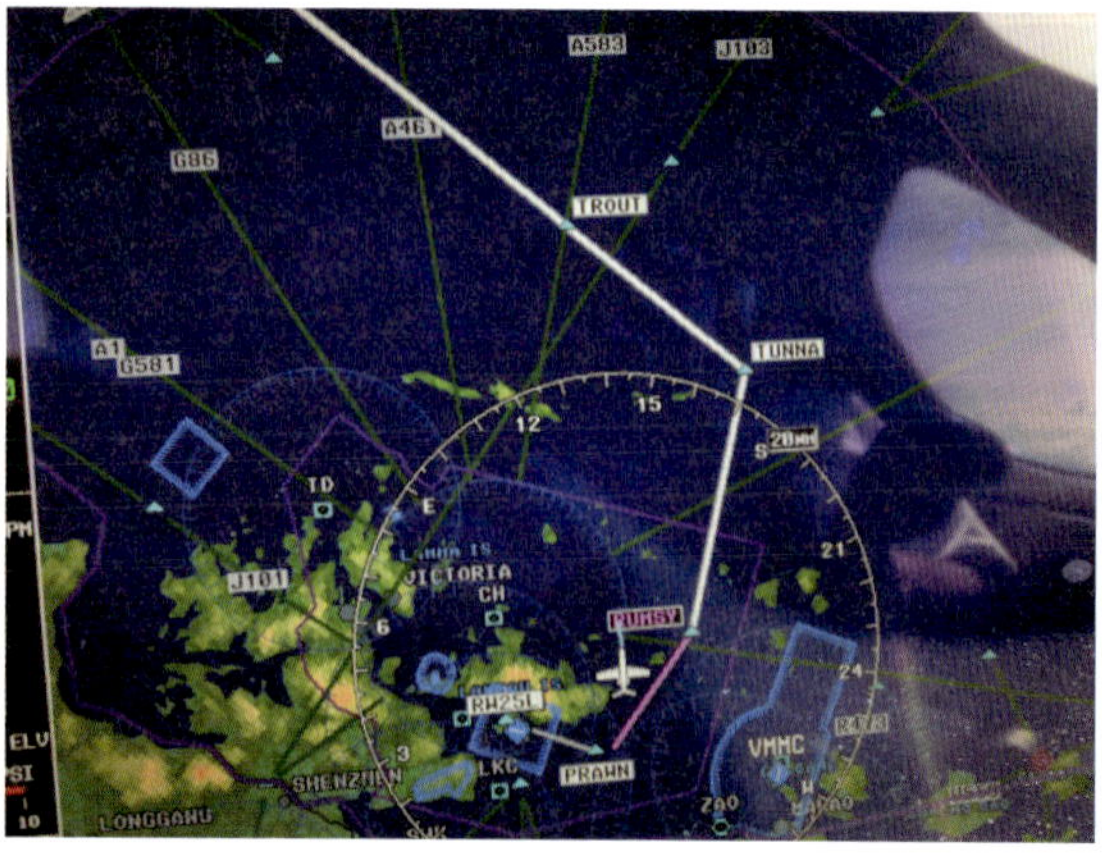

香港の航空路に魚の名前のついたポイントがたくさんあったので写真にとっておいた。

番大きな澎湖島にマコウ（馬公）という空港があることが表示された。澎湖島に近づき上空斜め上から観察すると島の中央に滑走路があり、その右下の海岸沿いに立派なホテルが見える。一度訪れてみたいと思わせるような美しいリゾートアイランドだ。

その後20分ほど飛行を続けると空域を管理する台北コントロールの管制官から降下の指示がきた。高度を１７００メートルに下げ着陸コースに進入すると夕日に照らされた桃園国際空港が見えてきた。ターミナルビルをはさんで左右に２本の滑走路が並行して伸びている。管制官に指示された左側の滑走路を目がけて降下、無事に着陸した。

誘導路に入ると待ち構えていたようにフォローミーカーが黄色いランプを点滅させながら駐機場まで先導してくれた。駐機場ではコの字型に曲がって駐機するが、曲がり角ごとに係員が立ち指示を出し

桃園国際空港への最終アプローチ。

ている。指定された場所に止めるのと同時に給油が始まり一切待たせることはない。パスポートコントロールも素早くなんの支障もなかった。香港国際空港のコントロール会社と同じような完璧さでまた来たいと思わせた。

3日間滞在した台湾の最後の夜、私たちのお別れ会をすることになった。台湾を出れば私たちは岡南飛行場に向かい、他機は名古屋空港に向かう。一緒に過ごすのは今夜限りとなる。みんなが食べたことがないしゃぶしゃぶレストランに予約を入れたがどこもいっぱいだった。仕方なくありきたりの中華料理店に決めた。出てきた料理は脂っぽく外国人の味覚には合わないようで箸が進まない。それでも中国式の大きな丸テーブルを囲んで大いに盛り上がった。宴たけなわとなり紹興酒のボトルを持って席を立ち一人一人にあいさつして握手を交わした。

中華料理店で我々のお別れ会。日本に着いたら我々の旅はそこで終わる。

キャプテンたちとは2カ月間よく通じない英語で話し一緒に飛んできた。人種国籍を超えて友情を育み苦楽を共にした仲間だ。それぞれアメリカのコロラド、カナダの地方都市、フランスの片田舎といった地域から参加し日本人と接触する機会がなかったようだ。彼らにとってもカルチャーショックを受けたに違いない。特にアジアに入ってからは東洋に関する知識がほとんどなく、なにかといえば質問してきた。一つ一つの質問につたない英語でていねいに答え東洋の文化と知識を伝えた。その意味では日本人の株を上げるのに少しは役に立ったのかもしれない。

紹興酒で少し酔った意識で一人一人の顔を見た。さまざまな思い出が脳裏をよぎり別れの寂しさが込み上げてきた。

台湾から日本へ、いよいよ1600キロのラストフライト

7月12日、これから世界一周最後のフライトが始まる。ダグさん、ルイさん、ローリーさん……。桃園国際空港を飛び立てば、もうみんなの顔を見ることができない。少し感傷的になりすぎている気を引き締めて空港に向かった。

朝のミーティングでは日本での目的地は2つに分かれていた。ダグさんたちは名古屋

空港へ飛び、こちらはムスタングの駐機場として母港となる岡南飛行場を目指す。フライトプランでは航続距離の長いルイスさんのプロペラ機ＴＲＭ７００が台北から直接、名古屋に飛び、ジェット機グループは九州の鹿児島空港で給油してから岡山と名古屋に向かうことになっていた。

ところが空港に着き離陸の準備をしているとテリーさんがみんなを集め渋い顔で天気図を配った。

「よりによって鹿児島と名古屋に濃い雨雲がかかっている。着陸は難しいだろう」

天気図には九州南部と名古屋周辺に見たこともないような毒々しい雨雲が映っていた。

「給油地を那覇に変えたらどうだろう」

ダグさんが言った。

「給油はなんとかなっても、問題は名古屋だ」

テリーさんは真剣な面持ちで答えた。そのやりとりを聞きながら自分なりに飛行計画を練り話してみた。天気図から見れば岡山空港は晴れている。

「岡山までは１６００キロで航続距離ぎりぎりだ。それでも日本の上空には西から東に向かってジェット気流が流れ追い風が吹いている。これに乗って飛べば燃料節約になり岡山まで十分に届く。万が一、風向きが悪く燃料不足になるようだったら途中の種子島あたりに緊急着陸して給油すればいい。みんなも岡山に来たらどうだろう」

しばし考え込んでいたテリーさんが言った。

「グッドアイデアだ。ダイレクトに岡山空港に飛ぶのがベストな選択だ。みんなはどう思うかな」

「これからフライトプランの変更は手続きが大変だと思うが、エアジャーニー社がやってくれるのなら岡山に行きたい」

ダグさんがそう言うと全員がうなずいた。

「もちろんさ。安全第一だ。すぐに手配に取りかかる」

そう言ってテリーさんは衛星携帯電話で話しながら歩きだした。それから3時間、何もない空港の待合室でじっと待っているとようやくすべての手配が

岡山空港へのフライトプランの変更。3時間程かかったのでじっと寝ていた。

完了した。時間は昼の12時をすぎていたが昼食をとっている暇はない。全員がそれぞれの愛機に乗り込みじっと離陸の許可を待った。

いよいよこれから3時間、1600キロの長距離を一気に飛ぶ。自分が立てたフライトプランに自信はあったが、飛行中は何が起こるかわからない。常に不安と緊張感がつきまとった。しかしこの緊張感は世界一周のラストフライトには相応しい気がしてきた。操縦免許を取り飛行機乗りとして憧れたジェット機での世界一周飛行の夢が完結する。この緊張感という醍醐味をじっくり味わって飛びたい。

「N510HW、離陸を許可します」

「了解！」

管制官の指示を受け桃園国際空港を飛び立つと一気に上空1万2000メートルまで駆け昇った。快晴で雲一つない。まっ青な空とコバルトブルーの海が眼下に広がっている。フライトプランの提案者として、また日本の空を飛びなれていることもあり1番機で飛び立ち、真っ先に日本の領空に近づいた。管制官も台北コントロールから那覇コントロールに交代するころだ。

「こんにちは、那覇コントロール。こちらN510HW、高度1万2000メートルを飛行中」

「こんにちは、Ｎ５１０ＨＷ。ラジャー」

女性管制官の優しい声だった。そのうち無線機から妙な発音の日本語が聞こえてきた。

「も～しも～し……。那覇コントロール。こちらＣ-ＧＢＣＯ……」

２番機で飛んだダグさんの声だ。そう言えば昨夜のお別れ会で日本の管制官に最初のあいさつはなんて言えばいいのか聞かれた。すでにほろ酔い気分、その場のノリで「も～し、も～し、だよ」と適当に答えておいた。まさかまねするとは思わなかったから思いっきり吹き出した。管制官は笑いながらもはっきりとした日本語で「こんにちはＣ-ＧＢＣＯ、ラジャー」と答えていた。

やがてＧＰＳの画面に沖縄本島、奄美大島、屋久島といった懐かしい地形が次々に映し出され九州が近づいてきた。レーダーを見ると薩摩半島から先は

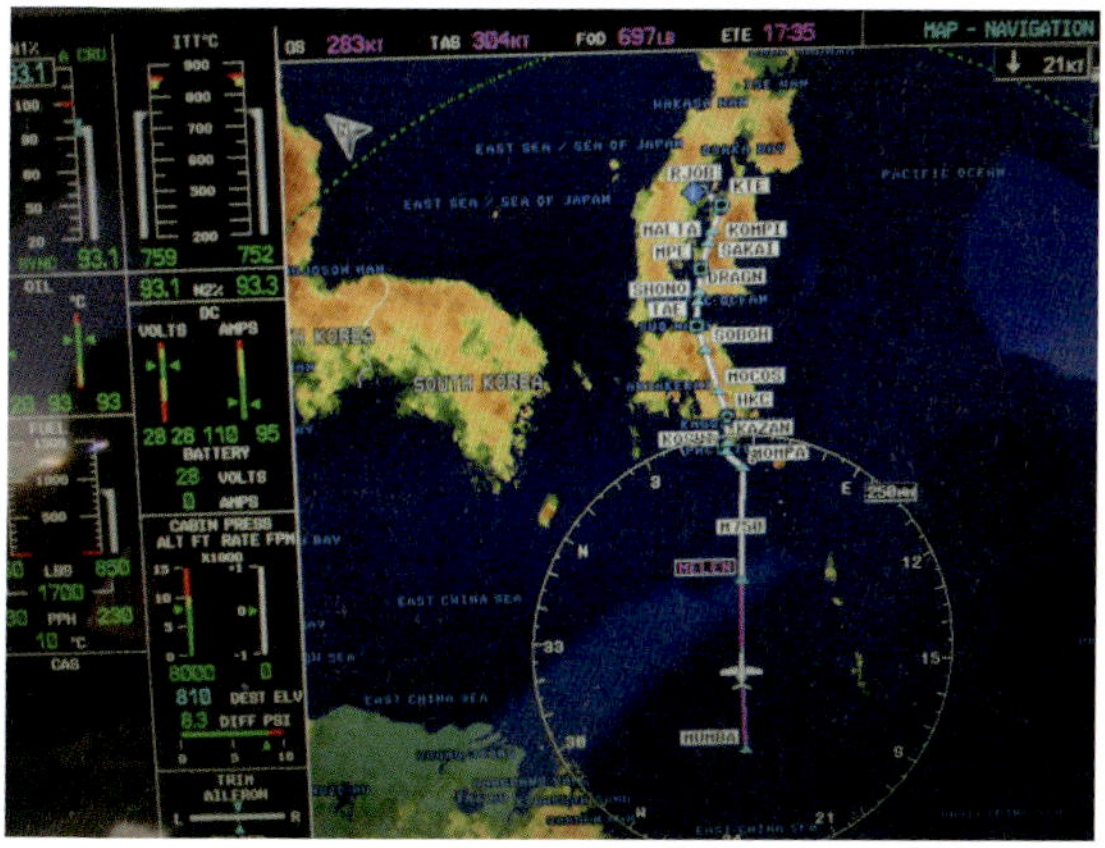

ガーミンに日本がでてきた。右側の島々が沖縄。行き先に見えるのが九州から岡山。

大きな積乱雲がかかっている。徐々に接近していくうちに高さ1万メートルを超える巨大な積乱雲が立ちはだかった。雲の中では強烈な上昇気流と下降気流が渦巻いているはずだ。燃料はまだたっぷり残っている。積乱雲を避けて右に旋回、大きく遠回りして四国上空から岡山空港に向かうコースを選び後続機に伝えた。

　四国を横切り瀬戸内海を渡ると夕日に映える岡山空港が見えた。九州や名古屋が悪天候というのが嘘のように晴れ渡りなんの支障もなく滑らかに着陸した。ムスタングを駐機場に入れてエンジンを停止するとテリーさんが「ウエルカムホーム、コングラチュレーション」と言い握手を求めてきた。胸が熱くなり機外に出ると顔見知りの空港スタッフ数人が駆け寄ってきて「お帰りなさい」と声をかけてきた。「ありがとう」そう答えた瞬間、無事に世界一周をやり

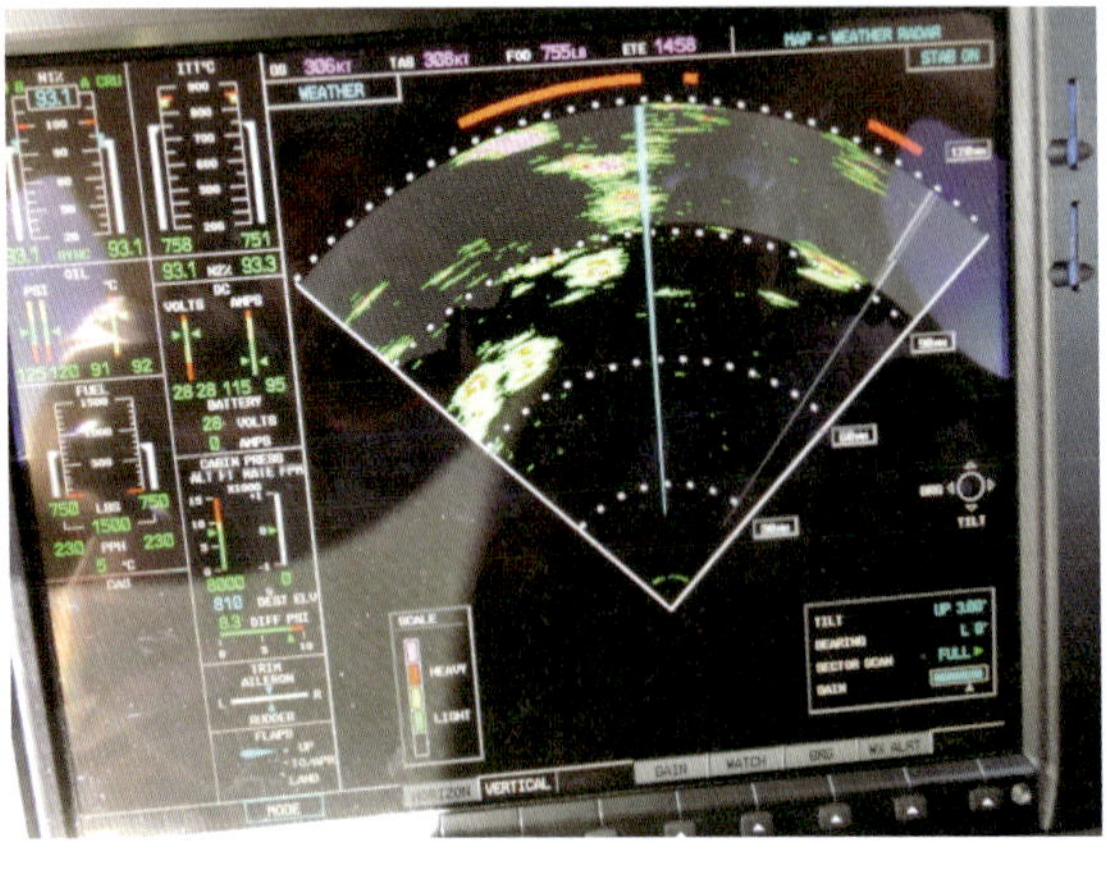

九州上空には41000ftまで真っ赤な積乱雲におおわれていた。これでは降りれない。後に九州豪雨とよばれ大災害をもたらした豪雨だった。

遂げた実感が湧き上がってきた。やがて後続機も順々に舞い降りてきて全機が無事に着陸、すでに日がとっぷりと暮れあたりは暗くなっていた。

これから岡山駅まで行き新幹線に乗る。全機分の荷物を降ろすとトランクだけで10個以上になった。これをターミナルビルまで運び入国審査を受けなければならない。ダグさんたちは当然ハンドリング会社の社員が運ぶものだと思っているからパスポートだけを持ちさっさと歩き出した。３人しかいないハンドリング会社の社員は全員汗だくになりようやく荷物を運んだ。外国の空港では少なくとも１機に２、３人の社員をつける。まるで人数がたりていないのだ。

ターミナルビルまで汗だくで荷物を運び入国審査を受けた。出入国には人間と飛行機の両方の審査があるのだ。飛行機の審査は型式と機体番号を届け出

岡山空港到着。テリーさんと記念撮影。

て、さらに積んでいる残りの燃料を申告しなければならない。燃料を多く積んできて余った燃料を売り払い儲けることがあるからだ。

私の場合は飛行機を輸入するので輸入関税を払えという。その際、機体本体の購入費用と輸送経費の両方に税金がかかり、今回は私のアメリカからの渡航費用と奥さんの旅行費用、副操縦士のテリーさんの旅行費用の全部に税金がかかるという。

そんなバカな話は納得できない！　私は輸送以外に世界中の観光旅行をしておりその費用は輸送とは何も関係がないのではないか。また奥さんは単純に世界一周旅行しただけであり飛行機の輸送にはなにもタッチしていないのだ。またテリーさんはアマチュアのパイロットでありプロのパイロットではないので人を乗せて飛ぶことでお金をもらうことは法律違反だ。私がエアージャーニー社に払ったのは世界旅行の費用でありテリーさんはツアーガイドをしただけだ。

さらに私たちは日本についたばかりであり、すぐに数千万円のお金を払えるはずがないだろうと話したが話が通じない。税関の職員は本当に機体を格納庫に入れて鍵をかけ、黄色いテープで入り口をグルグル巻きにして差し押さえてしまった。本当にあきれてものも言えないが皆も待っているので後で話し合うことにしてそのままで出口に向かった。日本で役人と話をするときには怒ることなく忍耐強く交渉しなければいけない。

その後、数か月にわたって交渉してみると彼らもどうしていいのかわからないのだということがわかった。アメリカでジェット機を買ってそのまま奥さんを連れて世界一周の観光旅行をしながら飛行機を運んできたという前例が無いのだ。前例が無ければ役人は判断がしにくいことになる。そこでいろいろな提案やこちらの希望を話した結果こちらの要望が通り、世界旅行をして各地でホテルに泊まり観光旅行をしたのは輸送とは関係がないとの結論になり、台湾からの輸送費用に税金がかかることになった。税関職員も悪気はないのだということがわかった。

ターミナルビルを出て車に乗り込もうとしたら用意してあった車は2台だけだった。ここでもサービスと段取りの悪さがでて、日本のハンドリング会社はまだまだ発展途上にあると実感した。

追加のタクシーを呼び岡山駅に着くと新幹線に飛び乗った。列車が走りだし全員無事でほっとひと息ついたところで空腹感が襲ってきた。いつものようにフライトする日は朝から何も食べていない。みんなも早朝に台湾のホテルで朝食をとって以来、食事をしていないはずだ。それに日本に着いたばかりで円の持ち合わせもないだろう。車内販売のお弁当を買ってプレゼントしようとしたら全部売り切れ。仕方なくおつまみと飲み物を買い占めてみんなにご馳走した。

いつものように一杯飲みながらわいわい盛り上がっていると岡山から京都までの1時間があっという間にすぎていった。ダグさんたちは京都で降り、私たちはそのまま東京に行く。やがて京都に到着、停車時間は3分しかない。大急ぎで荷物を降ろす手伝いをして座席に戻った。

窓の外を見るとテリーさん、ダグさんをはじめ全員がパイロットの制服姿でホームに一列に並び手を振っている。発車ベルが鳴り列車がゆっくり動き出すと皆一斉に腰を曲げ日本式の深いお辞儀をした。あわててお辞儀をしかえしたがみんなの姿は車窓の後方に消えていた。

本当にクールな連中だ。

彼らは私たちと別れた後京都に泊まり、その日は芸者遊びをして料亭で日本食を堪能し、翌日は京都観光した後大相撲の観戦をし寿司を腹いっぱい食べ京都を、そして日本を満喫した。

翌日機体が置いてある岡山空港に戻り、日本の最終経由地である北海道に向かった。北海道からロシアのカムッチャッカを経てアラスカに渡りカナダを経てアメリカのシアトルに至りそれぞれのホーム空港へ帰還するのだ。

ところが旅の最後にアクシデントが起こった。ロシアの極東の整備の悪いカムチャッカ空港で離陸準備をしていた彼らの飛行機の前で超巨大なロシアの輸送機アントノフがエンジンをふかしたため小石が吹っ飛ばされてきて２機の小型ジェット機の窓を粉砕したのだ。

エアージャーニー社がアントノフの運営会社と交渉した結果、アントノフ側が非を認め彼らの保険ですべて補うことになったが、セスナ社から窓が届くまでに時間がかかることがわかり泣く泣く世界一周旅行をした愛機をそこにおいてエアラインの旅客機で帰途に就いた。

悲劇ではあるが皆に怪我がなくて本当に良かったと思う。

（完）

あとがき

帰国してから数か月後すべての手続きが終わり機体は日本国籍になった。アメリカ国籍の時には機体番号の最初にNが付くが日本国籍になるとJAがつく。日本国籍になった飛行機はアメリカの免許では操縦できず日本の免許を取り直さなければならない。約1週間かけて免許を取り直し、それからは日本でジェット機のある生活を楽しんだ。

ゴルフ仲間を連れて北海道にゴルフをしに飛んでいき、中1日ビーフストロガノフを食べウオッカを飲むためにロシアのウラジオストックまで飛んで行った。

北海道から15分ほど飛べばロシアの管制域に入り40分ほどでウラジオストックに到着した。麻薬の輸入業者と思われたのか、申請して許可をもらっているのにもかかわらず到着した瞬間に自動小銃を持った警官10数人に取り囲まれ軍用犬に機体の隅々までかぎまくられた。

半袖短パンでのこのこと飛行機から降りてきた我々爺さん連中を見てからは警戒も多少緩んだようだった。

北海道は夏だったが、ウラジオストックはもう秋の始まりを感じさせるほど木の葉が散りはじめていた。改めてジェット機の行動範囲の広さを思い知った。

小型機のパイロット仲間とはマカオまでカジノで遊ぶために行ったり、韓国の小型機のパイロット達と交流しに行ったりした。

九州に住む同級生に会いに行ったりしたが、次第になんとなく息苦しさを感じるようになってきた。

日本はジェット機には狭すぎるのだ。私は関東に住んでいるがまず空港がない。羽田、成田空港に離発着はできるが母港として駐機することはできない。他の小型機が飛べるような空港はジェット機には短すぎて降りれないのだ。仕方がなく私は岡山空港に駐機しているが、そこへ行くまでに新幹線とタクシーで4時間かかる。

南の沖縄方面へ行く時はまだいいが、北の北海道方面へ行く時には一度4時間かけて反対方向の岡山まで行きそこからジェット機に乗って北海道へ行くのだ。羽田から旅客機に乗れば約1時間で北海道につく。いくら趣味とは言ってもあまりにも割に合わない。海外に行こうとしても日本は北はロシアがあり簡単には飛んでいけない。西は北朝鮮、中国があり飛ぶことはできない。東は広大な太平洋が広がっていて飛んでいくところはない。唯一南だけが沖縄を経由して飛んでいけるのだ。

あまりに狭すぎる。約5年間日本で飛んでジェット機がある生活を堪能した後、手放すことにした。日本で売りに出したが約1年間買い手は現れなかった。仕方なくプロのフェリーパイロットを雇いアメリカに持っていったら1か月くらいで売れた。買い手は機体に張った世界中の降りた国のワッペンを見てこれはすごいと喜んで買っていったという。

こうして私にはもう飛ぶ翼がなくなったが、今後引退してもう少し広い国へ移住したならもう一度飛行機を買ってみたいと思う。

歳をとって体のあちこちが硬く動かなくなってきているが、心だけはまだ少年の時のようにいつでもどこへでも好きなところへ飛んでいける翼をそして大空への夢を持ち続けているからだ。

秋　白雲（あき　はくも）

医大卒業後都内で開業
55歳　自家用飛行機操縦士免許
61歳　ジェット機免許

大空への夢
日本で初めて、自ら操縦するジェット機で世界一周旅行に挑戦

2025年1月17日　初版第1刷発行

著　　者　秋　白雲
発 行 者　石澤雄司
発 行 所　株式会社 星和書店
〒168-0074　東京都杉並区上高井戸1-2-5
電話　03（3329）0031（営業部）／03（3329）0033（編集部）
FAX　03（5374）7186（営業部）／03（5374）7185（編集部）
URL　http://www.seiwa-pb.co.jp

印刷・製本　株式会社 光邦

ISBN978-4-7911-1149-7